愛上雲的技術

雲を愛する技術

了解雲和天空的25個秘密，成為賞雲高手

荒木健太郎——著
吳怡文——譯

前言

愛上雲，需要技術嗎？

常聽人家說：「童年時我經常仰望天空，但現在已經完全不看了。」大家可還記得，藍天中那些讓人強烈感受到夏日氣息的濃密白雲；大家可曾見過，劇烈的雷雨停歇後，掛在天邊那道扣人心弦的美麗彩虹。

雲是一種只要抬頭仰望，幾乎每天都可以看見的大自然元素。然而，或許是因為身處慌亂不安的社會，許多人在長大後，仰望天空的機會逐漸變少。我執筆撰寫本書的目的，就是希望讓這些人可以回想起仰望天空的樂趣。當然，我也希望讓那些平常就會在仰望天空時，拍下自己喜愛的雲或天空、上傳到社群網站的人，可以遇上自己想見的雲，和大家分享享受觀雲之樂的訣竅。

在我剛開始以「愛上雲的技術」為題進行演講時，曾有位熱愛氣象學的聽眾問我：「愛上雲還需要技術嗎？」是的，的確需要技術。當然，就算沒有書中所說的「愛上雲的技術」，還是可以享受看雲的樂趣。你可以想像自己搭上宛如筋斗雲般的雲朵在空中翱翔；因為看到停駐山邊、狀如飛碟的雲而大感不可思議；也可以靜靜眺望雲朵，愉快地和身邊的人談笑。然而，學會「愛上雲的技術」之後，你對雲的愛肯定會變得更加強烈。

影片清單

我雖是一個「雲研究者」，但並非從以前就這麼喜歡雲。在撰寫上一本著作《雲裡發生了什麼事》（日本Beret出版社）時，我才第一次深入地認識雲，並思考該如何表達雲的內心。沒想到，過去單純只是研究對象的雲，活力十足地和我交談，讓我的世界出現了巨大轉變。若能了解雲，聆聽它們的話語、理解它們的心情，就可以和雲心靈相通，並學會如何欣賞它們。愈是了解，你就會愈喜歡這些雲。我想和打從心底喜歡雲的雲友們分享這些技術，加深大家對雲的喜愛，然後讓這份愛不斷蔓延。

在第一章，我會介紹雲的基本知識，作為愛上雲的基礎。第二章，我將針對雲的名稱和特徵等分類進行說明，請大家務必確認過去曾經看過的雲的名稱。第三章，我將焦點放在美麗的雲和天空，說明各種現象的形成過程，以及如何可以看到它們。第四章講的是了解雲的心情，我將說明雲的形成和性格。最後在第五章，我會告訴大家如何加深對雲的愛，以及和雲玩耍的方法。在本書中，幾乎所有說明都附上了照片或圖片，大家可以隨興翻閱，從自己最喜歡的雲開始閱讀。在每一章的開頭，也附上解說影片和影片資料的QR Code，想透過影片了解各章提要的人可以參考，書末也整理了所有影片的網址清單。若在閱讀時覺得難以理解，建議可以先看第五章。

我由衷希望可以透過本書讓大家更喜歡雲，有機會看到美麗的雲和天空，並知道如何避開會造成天氣驟變的雲。在此，請容我主觀地將愛上雲的技術層級設定為〇到十（看到這句話的讀者已經到達第四級了）。大家不妨確認一下，從閱讀本書前，到閱讀完畢並和雲相處了一段時間，自己的

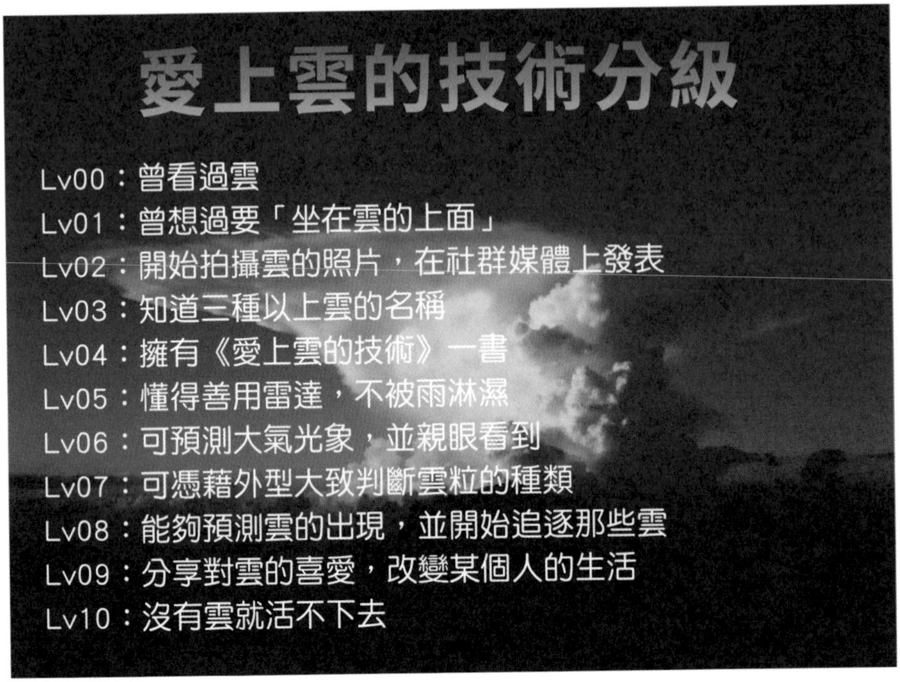
愛上雲的技術分級
Lv00：曾看過雲
Lv01：曾想過要「坐在雲的上面」
Lv02：開始拍攝雲的照片，在社群媒體上發表
Lv03：知道三種以上雲的名稱
Lv04：擁有《愛上雲的技術》一書
Lv05：懂得善用雷達，不被雨淋濕
Lv06：可預測大氣光象，並親眼看到
Lv07：可憑藉外型大致判斷雲粒的種類
Lv08：能夠預測雲的出現，並開始追逐那些雲
Lv09：分享對雲的喜愛，改變某個人的生活
Lv10：沒有雲就活不下去

程度提升了幾級。在「前言」最末，收錄了藍天中那些讓人看了會全身舒暢的雲、虹色的雲，以及紅棕色的雲，大家可以先欣賞一下。衷心希望這個社會瀰漫著對雲的喜愛；街上行人因為趣味滿溢的雲和天空而停下腳步、雲友們盡情釋放對雲的熱愛、大家一起仰望天空，熱烈討論關於雲的一切。為了實現這個夢想，我熱切盼望各位雲友能夠擁有充實、愉悅的賞雲生活。

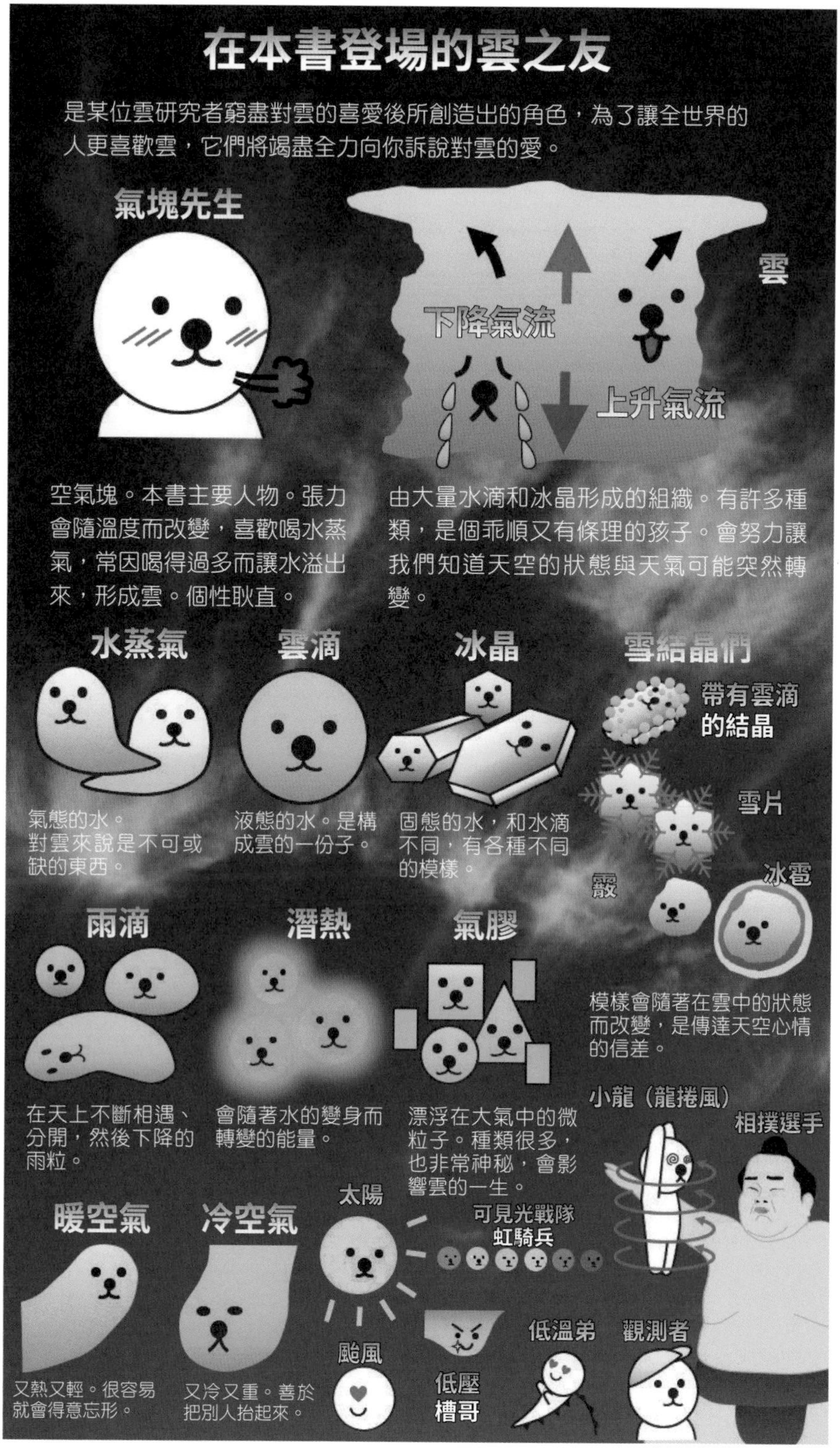
在本書登場的雲之友
是某位雲研究者窮盡對雲的喜愛後所創造出的角色，為了讓全世界的人更喜歡雲，它們將竭盡全力向你訴說對雲的愛。
氣塊先生
雲
下降氣流
上升氣流
空氣塊。本書主要人物。張力會隨溫度而改變，喜歡喝水蒸氣，常因喝得過多而讓水溢出來，形成雲。個性耿直。
由大量水滴和冰晶形成的組織。有許多種類，是個乖順又有條理的孩子。會努力讓我們知道天空的狀態與天氣可能突然轉變。
水蒸氣
氣態的水。
對雲來說是不可或缺的東西。
雲滴
液態的水。是構成雲的一份子。
冰晶
固態的水，和水滴不同，有各種不同的模樣。
雪結晶們
帶有雲滴的結晶
雪片
霰
冰雹
模樣會隨著在雲中的狀態而改變，是傳達天空心情的信差。
雨滴
在天上不斷相遇、分開，然後下降的雨粒。
潛熱
會隨著水的變身而轉變的能量。
氣膠
漂浮在大氣中的微粒子。種類很多，也非常神秘，會影響雲的一生。
小龍（龍捲風）
相撲選手
暖空氣
又熱又輕。很容易就會得意忘形。
冷空氣
又冷又重。善於把別人抬起來。
太陽
可見光戰隊
虹騎兵
颱風
低壓
槽哥
低溫弟
觀測者

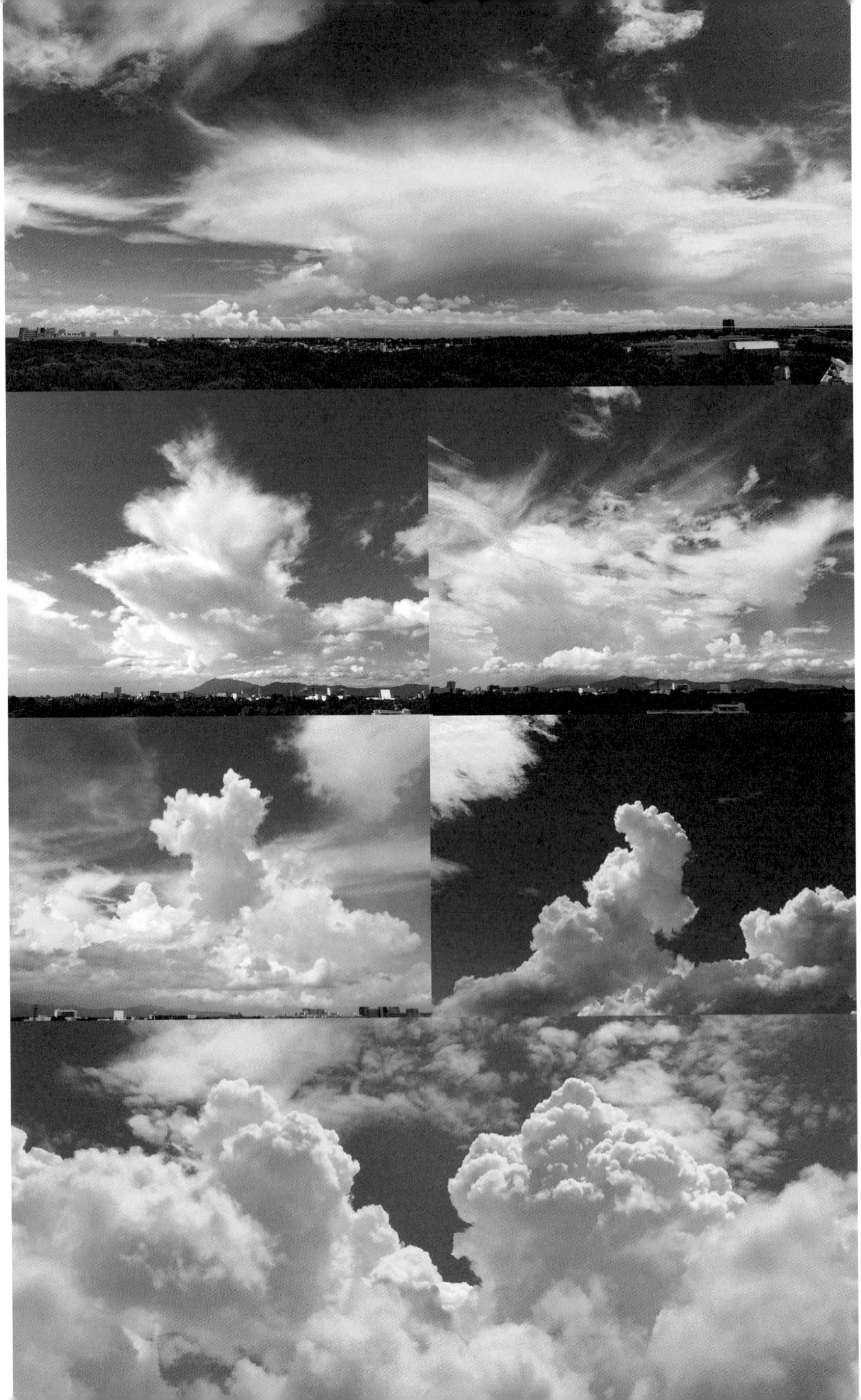

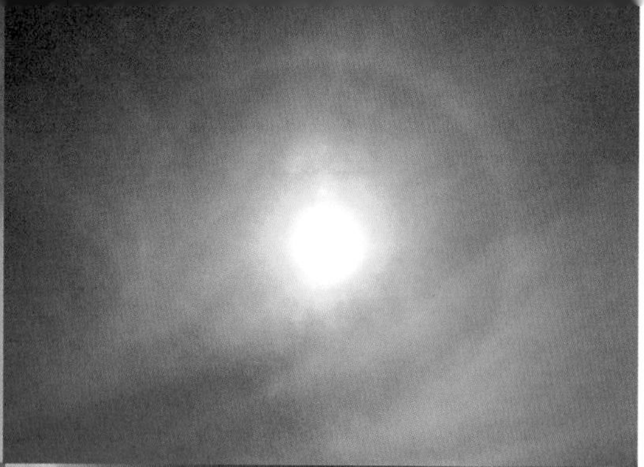

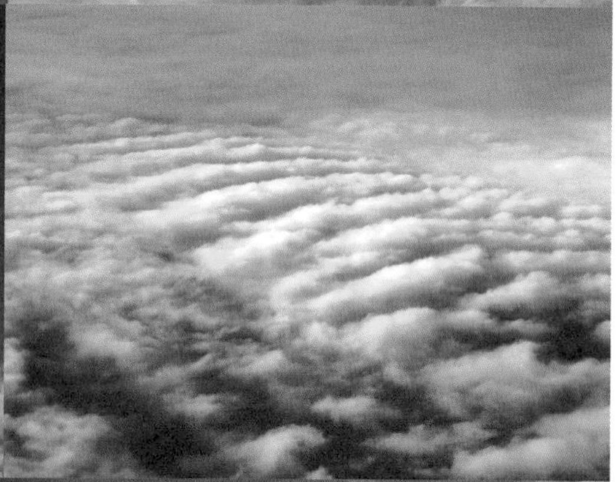

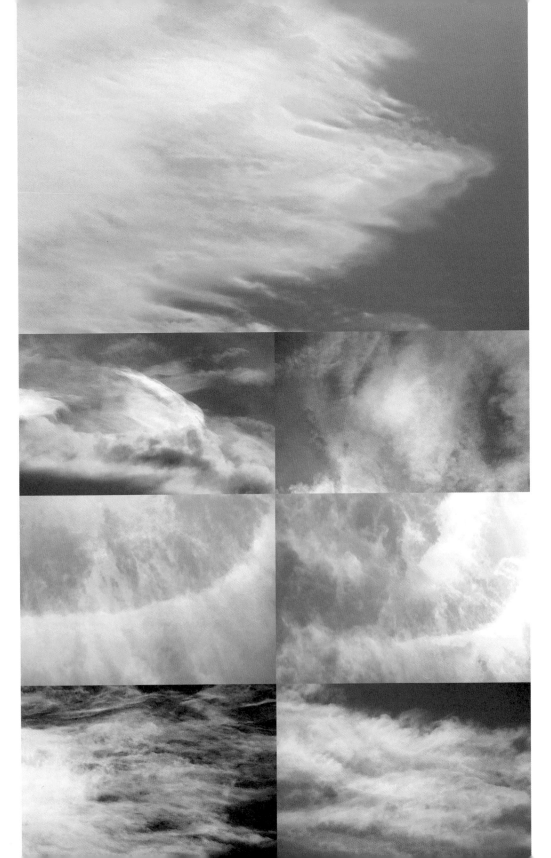

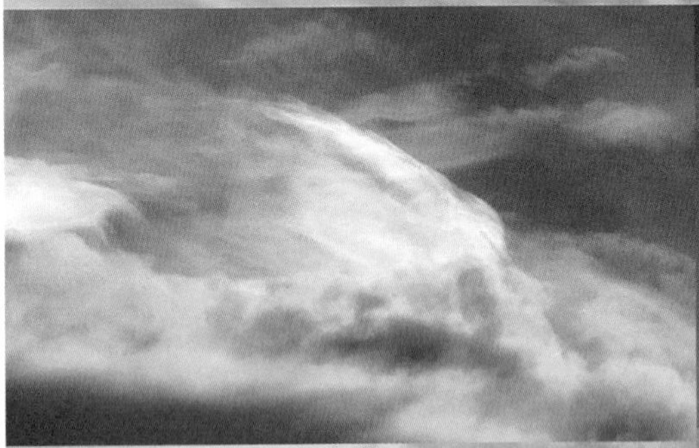

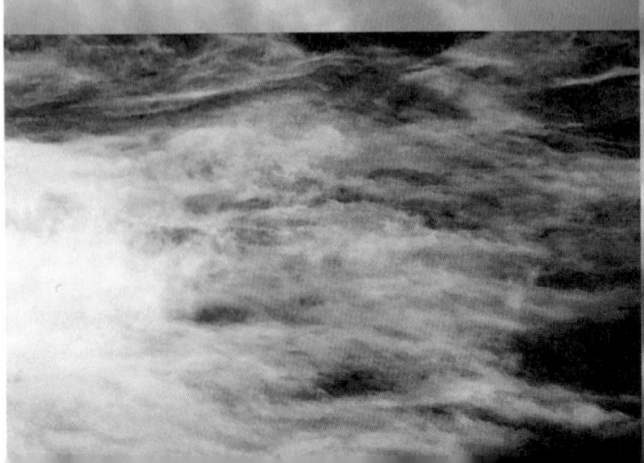

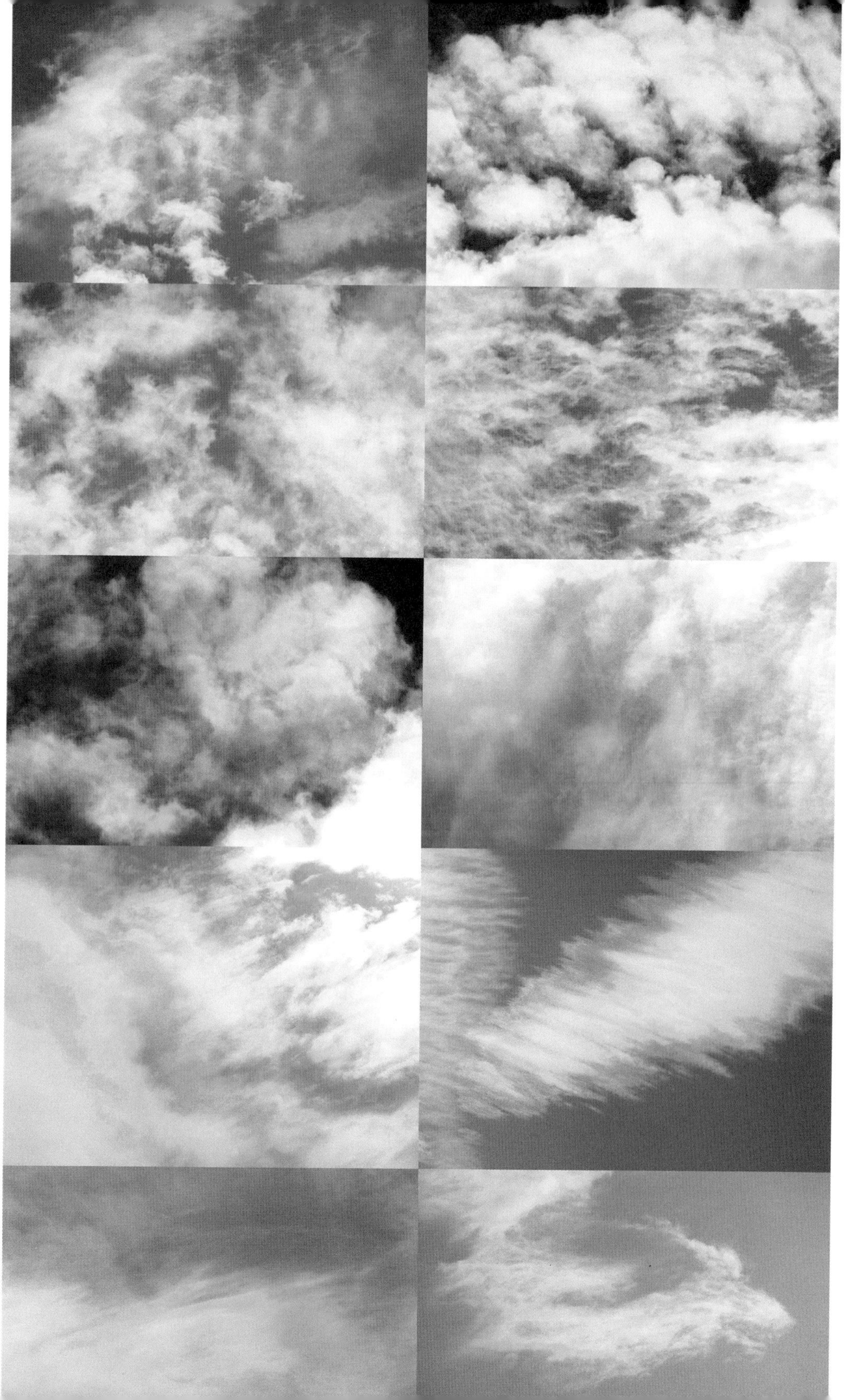

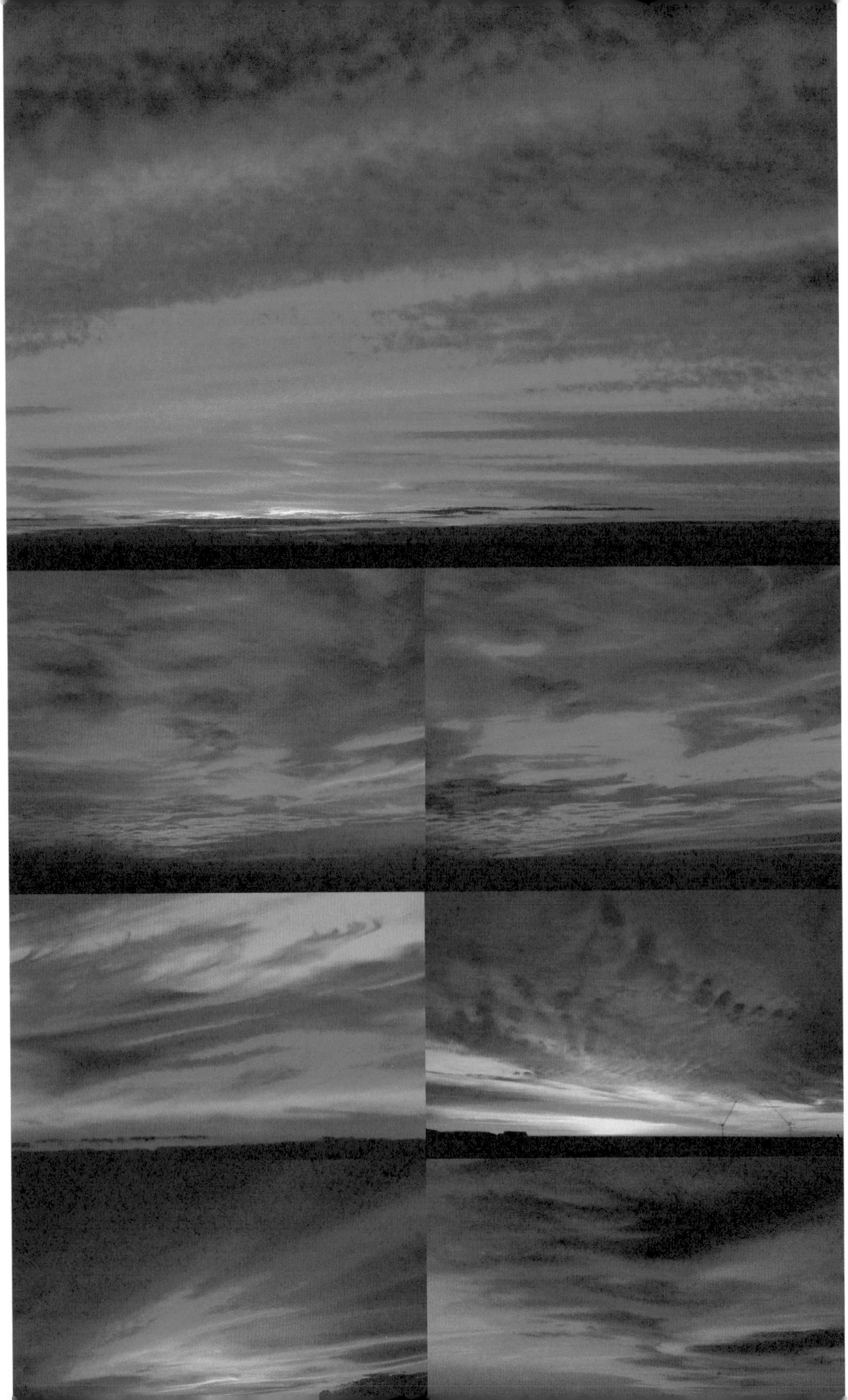

目次
contents

第2章
各式各樣的雲

第3章

美麗的雲和天空

第4章 解讀雲的心思

第5章
加深對雲的喜愛

第1章

愛上雲的基礎

解說影片

影片資料

1・1　何謂愛上雲的技術

雲的姿態千變萬化，不僅名稱不同，性格也不一樣（圖1・1）。它們和人類一樣有著自己的個性。有喜歡的人時，大家應該會想知道對方的姓名和性格。當被對方的美麗外表和優雅姿態深深吸引時，便會繼續觀察，進而知道他的身高、經常和什麼人相處、成長環境和行為模式。徹底愛上對方後，甚至還會預測對方的行動，想辦法和他相遇。不只是人，若將對象換成雲，上述的一切也完全適用。

生活在地球上的我們和雲有著很密切的關係。因為我們幾乎每天都可以看到雲，感覺就像家人一般。正因關係如此密切，若除了外觀之外，還能稍微了解它們的性格和行為模式，就可能會喜歡上對方、懂得如何和它們相處。

懂得和它們相處之後，就可以自己欣賞美麗的雲和天空（圖1・2）。光是擁有各種現象的形成與發生條件等些許背景知識，看到美麗景象的機率就會大幅提升。而且在雲心情不好時，也會知道如何和它們保持適當距離，讓自己不至陷入氣象災害中。透過雲和天空來預測天氣變化稱為「**觀天望氣**」，雲會賣力為我們傳達天空的心情（狀態）。引發災害的雲常被視為壞東西，但事實上，它們會讓我們看到前兆，告知可能發生的危險。一如上述，**愛上雲的技術**是一種在日常生活中欣賞、接近雲，同時還能了解雲所傳遞之天空心情的技術。

賞雲的方式因人而異，但不管用的是什麼方法，都可以看到許多外型美麗或姿態優雅的雲。光是能看到在夏季天空冒出的積雨雲、被染成虹色的雲和天空，或是早晨和晚上的紅棕色天空，就足以讓人雀躍萬分。雲這種會隨著大氣的流動和狀態改變模樣的率直性格，以及勢必會依照物理法則來行動的一絲不苟，都是「欣賞的重點」。我衷心期待各位對雲的喜愛，會隨著閱讀本書的過程而變得愈加深刻，也希望大家都能夠找到自己的「賞雲之道」。

（上）圖1・1　當夏季暑氣與秋日涼意相遇時天空中的雲。2016年8月3日茨城縣筑波市。
（下）圖1・2　被染成紅棕色的雙重彩虹。2017年8月8日東京都西東京市，寺本康彥先生提供。

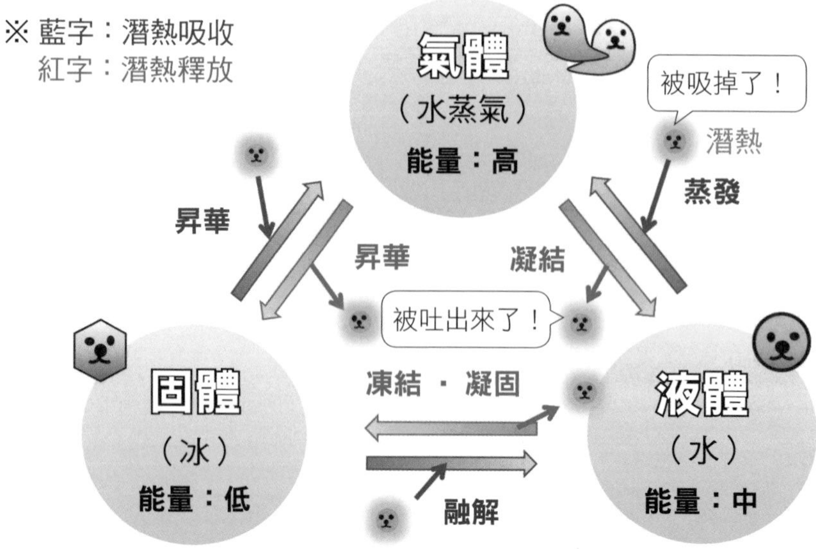
※ 藍字：潛熱吸收
紅字：潛熱釋放
氣體
（水蒸氣）
能量：高
被吸掉了！
潛熱
蒸發
昇華
昇華
凝結
被吐出來了！
固體
（冰）
能量：低
凍結・凝固
液體
（水）
能量：中
融解

圖 1・3　水的相變與隨之發生的潛熱釋放・吸收。

1・2 什麼是雲

簡單來說，所謂雲就是「懸浮在地球的大氣中，且可以讓我們看到的由無數細小水滴和冰的結晶構成的集合體」。雲之所以會有各種不同的樣貌，乃是因為雲滴（cloud droplet）這種形成雲的小水滴和冰的結晶（**冰晶**）會隨著雲內的大氣而流動。形成雲的雲滴和冰晶合稱為**雲粒**（cloud particle）。

雲粒以每秒約一公分的速度從大氣中落下，然而因為大氣中到處都是速度快於每秒一公分的**上升氣流**，所以雲粒可以飄浮在大氣中。雖然每個粒子本身因太小而看不見，但藉著大量水滴和冰晶集結，散射太陽光中肉眼可以看見的**可見光**，我們便可以看到雲的樣貌（第三章第一節，112頁）。一想到每朵飄浮在空中的雲都是由數量龐大的粒子形成，我就非常感動。

1・3　形成雲的空氣有何特性

水的相變

從現在開始，我們要仔細探究雲的內部。構成雲粒的水滴和冰晶，是由水形成的。水擁有氣體—水蒸氣、液體—水滴、固體—冰晶這三種面貌（**相**），當水的面貌在這三者間轉變時，則稱為相變（圖1・3）。

水擁有的能量會因為相的不同而有所改變，由高至低依序是氣體、液體、固體。因此，當大氣中的水發生相變時，就必須吸收或釋放能量（熱），而它們吸收或釋放能量的來源或目標，就是周圍的空氣。隨著大氣中水的相變，周圍的空氣也會跟著變熱或冷卻。這種能量的名稱會依據相變而有所不同，一般通稱為**潛熱**（latent heat）。流汗時，吹了電風扇後之所以會感到涼爽，就是因為皮膚上的汗（液體—水）蒸發變成水蒸氣時，會從周圍空間（包含皮膚）把熱奪走。

雲在形成、成長時，會先透過水蒸氣凝結和昇華的過程，形成雲粒（圖1・4，24頁）。這些過程會出現在雲的輪廓附近，也會發生在雲的內部。因此，在成長的雲內部，會隨著水的相變而釋放潛熱，變得比雲外部的空氣稍微溫暖一點。

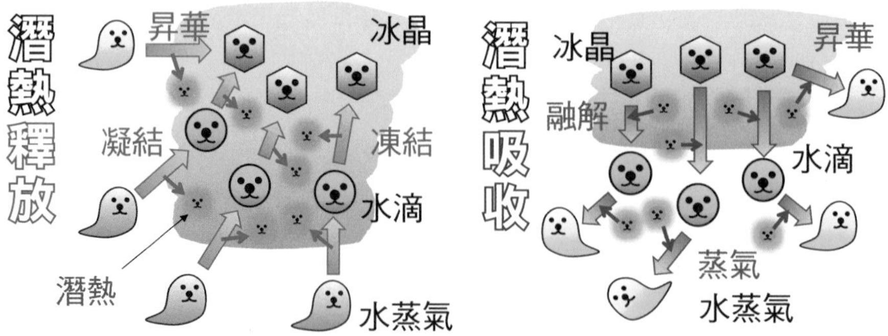

圖1．4　雲內部所進行的潛熱釋放與吸收示意圖。

另一方面，在雲內成長的水滴和冰晶很快就會變大，成為雨或雪，往雲的下方落下。這種從雲落下的水物質粒子稱為**降水粒子**（precipitation particle），降水粒子往地面落下的現象稱為「**降水**」。若這時的降水粒子是雨稱為**降雨**，若是雪則稱為**降雪**。

降水粒子落下時，雪會在氣溫為〇℃的**融解層**（melting layer）融解，或者因接觸到雲周圍的乾燥空氣而昇華、蒸發。結果，周圍的空氣因為潛熱被奪走而冷卻、變重，形成**下降氣流**（descending current）。這種下降氣流會因為落下的降水粒子將周圍空氣往下拖曳而速度加快。

大家可以把它想像成，雲在發展時會變熱，但衰退時，不管身心都會變冷。

含有水蒸氣的空氣的活動情形

因為構成雲粒的水滴和冰晶本身就是水，所以雲形成時，絕對需要大氣中所含的氣體之一——**水蒸氣**。請大家試著想像一下帶有某種溫度的空氣塊（parcel），在此我們暫且稱這種空氣塊為**氣塊先生**，請他來為我們說明（圖1・5，26頁）。氣塊先生不含任何水蒸氣時，稱為**乾空氣**，帶有水蒸氣時則稱為**濕空氣**。

氣塊先生天生喜歡處於含有一定量水蒸氣的狀態。他盡情地攝取水蒸氣、直到滿足為止的狀態，稱為**飽和**（saturation），也就是圖1・5的水蒸氣測量儀剛好到達滿點的狀態。沒能喝下足夠水蒸氣的狀態稱為**未飽和**（under-saturation），當超過極限依然持續飲用的狀態稱為**過飽和**（supersaturation）。我們通常以**濕度**來標示水蒸氣含量（以百分比為單位），飽和時濕度為一〇〇%。氣塊先生的耐力很強，有時大氣中的濕度可能會稍微超過一〇〇%。但因為某些原因，超過極限之後，就會溢出形成雲滴和冰晶，這就是雲粒。

此外，氣塊先生只要溫度一高就會含有許多水蒸氣，相反的，溫度降低時，水蒸氣就會變少。具體來說，〇℃的氣塊先生每一立方公分約含有五公克的水蒸氣，以相同體積來說，四〇℃的熱騰騰氣塊先生大約可以攝取五十公克的水蒸氣。在電視台的氣象預報中，有時會出現「因為空氣溫暖潮濕（中略），可能有降雨的機會」這樣的說法，便是因為空氣的溫度愈高，水氣含量就愈多，容易造成大雨等現象。

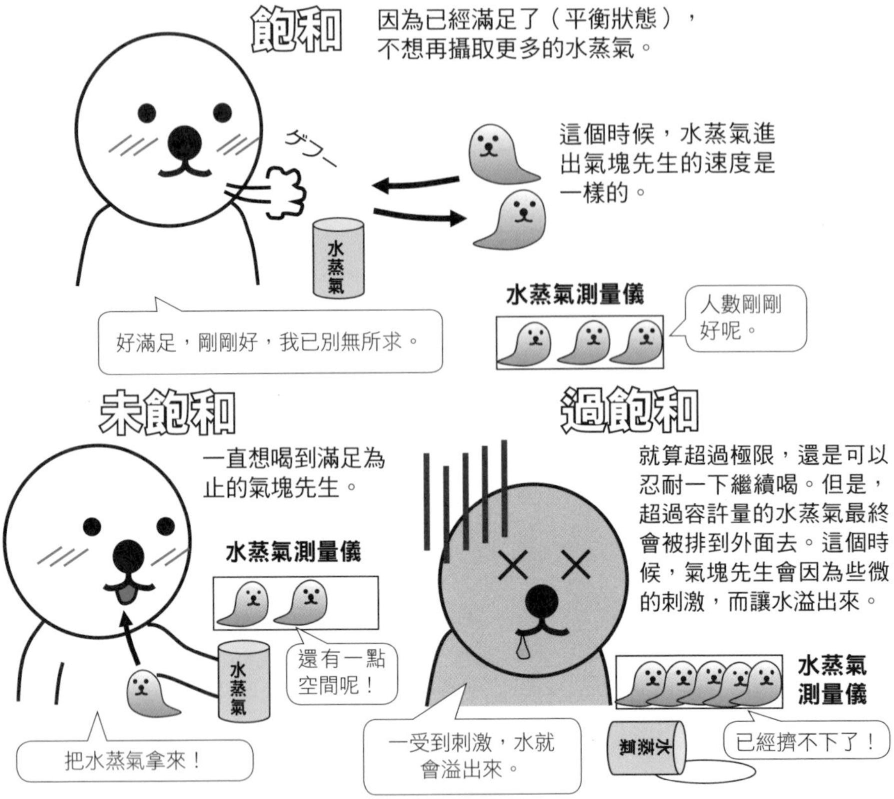

圖1・5　飽和、未飽和與過飽和之示意圖。

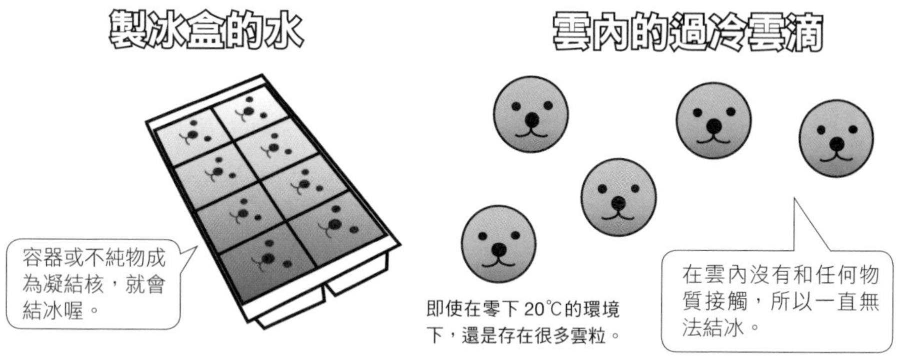
製冰盒的水
雲內的過冷雲滴
容器或不純物成為凝結核，就會結冰喔。
即使在零下20℃的環境下，還是存在很多雲粒。
在雲內沒有和任何物質接觸，所以一直無法結冰。

圖1·6　雲內的過冷水滴示意圖。

水在〇℃時不會結凍

大家都認為，水會在〇℃時凍結是個基本常識，但在雲中卻有著溫度低於〇℃，卻還是維持液體狀態的水滴。像這種不會結凍、依然維持液體模樣的過度冷卻狀態稱為**過冷**（supercooling），那個時候的雲滴稱為**過冷雲滴**（supercooled cloud droplet）（或過冷水滴，supercooled water droplet）。

請大家試著想像一下冷凍庫裡的製冰盒，裝入製冰盒中水會和容器接觸（圖1·6）。事實上，水很不容易在〇℃時結凍。當水和容易變成凝結核的物體接觸，或是水中含有會成為凝結核的不純物時，水都會在低於〇℃時開始凍結。但在雲中，雲滴是孤獨的，它們沒有跟任何物質接觸，所以一直無法凍結。事實上，在雲中，即使是零下二〇℃的低溫環境，也存在著過冷雲滴。

當氣溫低於〇℃時，氣塊先生的行動和常溫時會有些許不同。過冷水的飽和（**水飽和**）和冰的飽和（**冰飽和**）要分開來思考（圖1·7，28頁）。氣塊先生可以在低溫環境下使勁

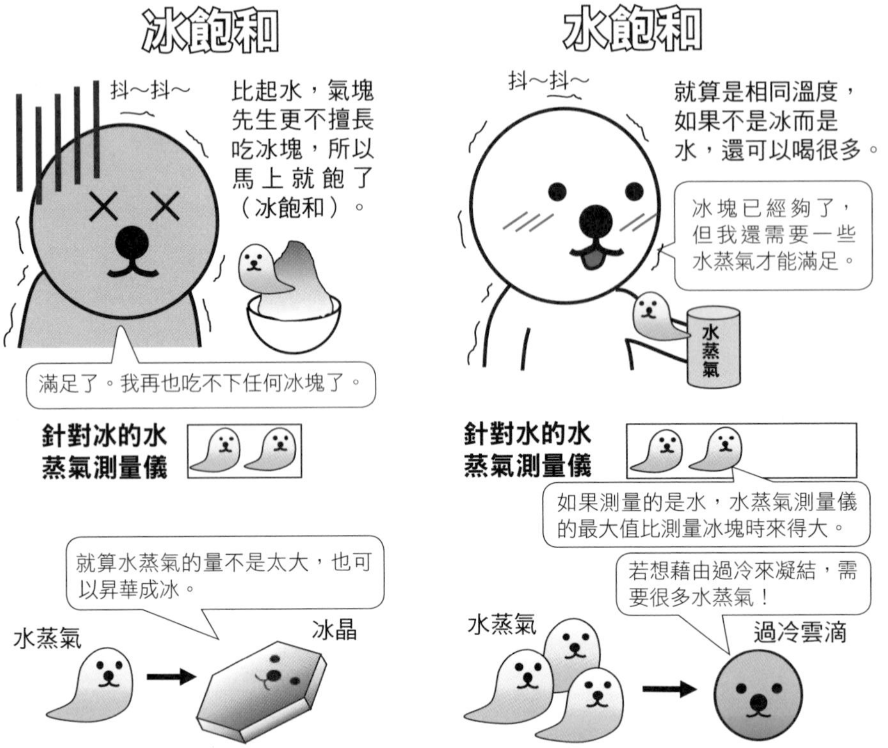
冰飽和
抖～抖～
比起水，氣塊先生更不擅長吃冰塊，所以馬上就飽了（冰飽和）。
滿足了。我再也吃不下任何冰塊了。
針對冰的水蒸氣測量儀
就算水蒸氣的量不是太大，也可以昇華成冰。
水蒸氣
冰晶
水飽和
抖～抖～
就算是相同溫度，如果不是冰而是水，還可以喝很多。
冰塊已經夠了，但我還需要一些水蒸氣才能滿足。
水蒸氣
針對水的水蒸氣測量儀
如果測量的是水，水蒸氣測量儀的最大值比測量冰塊時來得大。
若想藉由過冷來凝結，需要很多水蒸氣！
水蒸氣
過冷雲滴

圖1・7　冰飽和與水飽和之示意圖。

兒地攝取液體的水，但在攝取冰時，他馬上就會達到飽和，無法拚命攝取。因此，過冷雲滴的成長需要大量水蒸氣，但冰晶的成長只需要少量水蒸氣。在相同環境下，如果過冷雲滴和冰晶同時存在，周圍大氣中的水蒸氣就會向容易成長的冰晶移動，這時不足的大氣水蒸氣則藉著過冷雲滴的蒸發來補充。這麼一來，雲就會出現破洞，成長的冰晶則會變成像雲的尾巴一樣（第四章第二節，183頁）。只要一想到水和冰粒互相吸取、給予水蒸氣的的模樣，就讓人不禁微笑起來。

1・4 形成雲的粒子

雲裡發生了什麼事

讓我們來看看雲裡的世界。在雲內，各式各樣的雲粒相互碰撞、牽手、分開，造就出一齣齣精彩的好戲。雲粒們在雲中進行交互作用和相變的過程，稱為雲物理學（圖1・8，30頁）。

若從「組成雲的粒子為水或冰」這個角度來思考，可將雲分類成由液體雲滴形成的「**暖雲**」（warm cloud）和含有固體冰晶的「**冷雲**」（cold cloud）。單單由液態水形成的雲是**水雲**（water cloud），只由固體的冰形成的雲為**冰晶雲**（ice-crystal cloud），同時含有上述兩種的則稱為**混合雲**（mixed cloud）。雲裡的粒子們會在經歷過各式各樣的過程後變大又變小，非常熱鬧。圖1・8（30頁）中，粉紅色字所標示的活動會伴隨著水的相變，藍色字所標示的活動則不會出現相變，

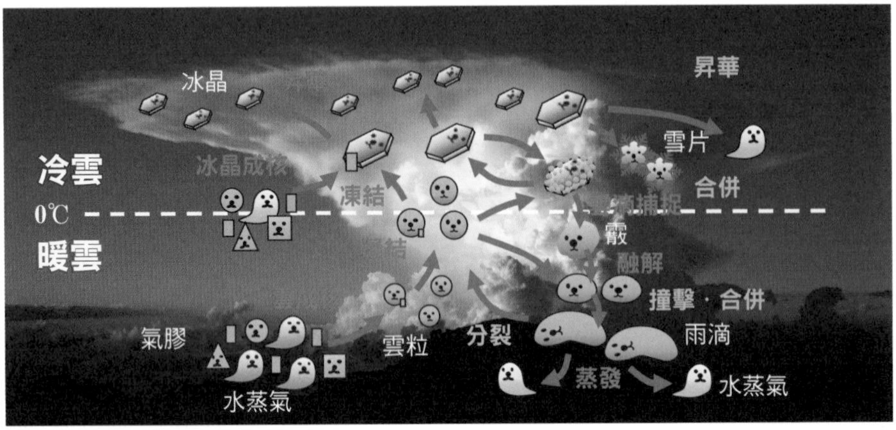
冰晶
昇華
冷雲
冰晶成核
凍結
雪片
合併
0℃
暖雲
霰
融解
撞擊・合併
氣膠
雲粒
分裂
雨滴
蒸發
水蒸氣
水蒸氣

圖1・8　雲的物理學示意圖。

換句話說，就是沒有大氣和潛熱的交換。現在我們就來更近一步地來了解這些過程。

雲與氣膠

雲粒形成時，大多由**氣膠**（aerosol）這種懸浮在大氣中的液體或固體微粒扮演核的角色，這個過程稱為**成核作用**（nucleation），若是雲滴便是**雲成核**，如果是冰晶，則稱為**冰晶成核**。

讓我們來做一個可以感受到成核作用的實驗（圖1・9，影片1・1）。首先，請準備一碗熱呼呼的味噌湯。味噌湯表面冒出的熱氣，是水蒸氣凝結成的水滴飄浮在大氣，讓我們能夠看到，可以視之為雲滴。接著，請拿一根點了火的香靠近味噌湯，這時我們可以看到有更多熱氣冒出來了。這並非是因為味噌湯的溫度改變了，而是香的煙粒子引起成雲成核，讓形成的雲滴數量增加。

在此，我們來複習一下氣膠。大氣中的氣膠大小為一奈米（一百萬分之一公釐）至一百微米（〇．一公釐），每一立方公分的大氣中，甚至有一千至一百萬個小型氣膠。一般來說，在都市地區的陸地氣膠較多，海上較少。氣膠有各種不同種類，在都市地區有**硝酸鹽粒子**、**硫酸鹽粒子**、**煤粒子（黑色的碳）**，內陸有**土壤粒子**（dust）、礦物粒子，在海上則經常可以看到**海鹽粒子**（sea salt particle）（圖1．10）。若根據這些粒子的來源進行分類，誕生於海面波浪飛沫的海鹽粒子，或是在沙地被風捲起的礦物粒子等屬於自然形成的**天然氣膠**，因汽車或工廠廢氣等人類活動而產生的氣膠稱為**人為氣膠**，來自花粉或細菌等生物的則稱為**生物氣膠**。

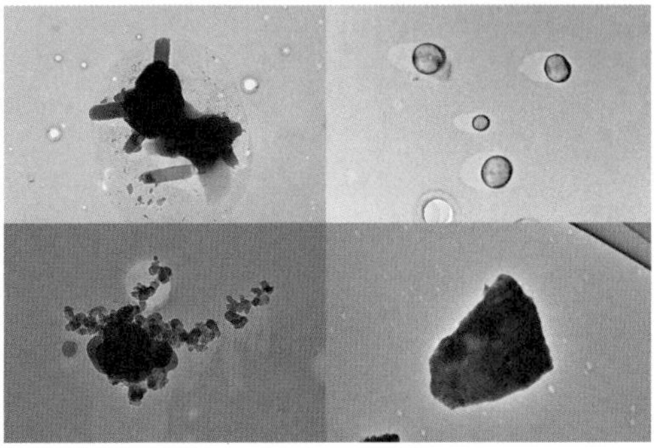

（上）圖1・9　將點了火的香靠近味噌湯的實驗。
（下）圖1・10　典型氣膠的電子顯微鏡照片（日本氣象廳氣象研究所）。左上：海鹽粒子，右上：硫酸鹽粒子、左下：煤粒子（黑色的碳）、右下：土壤粒子。（財前祐二先生提供。）

根據氣膠種類和狀態的不同，成核作用的難易程度也有所差別。可以造成雲成核的氣膠稱為**雲凝結核**（cloud condensation nuclei），以海鹽粒子和硝酸鹽粒子等水溶性氣膠為

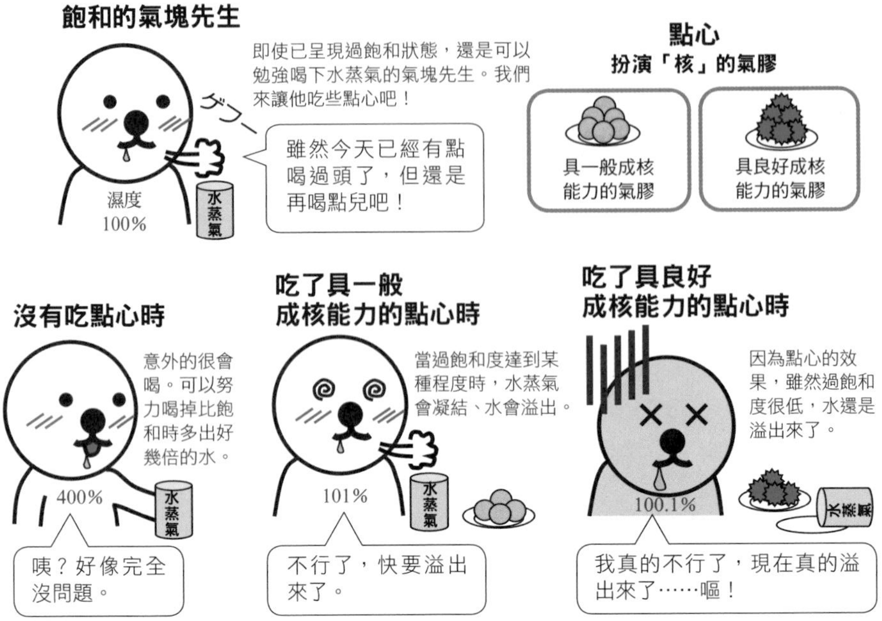
飽和的氣塊先生
即使已呈現過飽和狀態，還是可以勉強喝下水蒸氣的氣塊先生。我們來讓他吃些點心吧！
ゲフー
雖然今天已經有點喝過頭了，但還是再喝點兒吧！
濕度
100%
水蒸氣
點心
扮演「核」的氣膠
具一般成核能力的氣膠
具良好成核能力的氣膠
沒有吃點心時
意外的很會喝。可以努力喝掉比飽和時多出好幾倍的水。
400%
水蒸氣
咦？好像完全沒問題。
吃了具一般成核能力的點心時
當過飽和度達到某種程度時，水蒸氣會凝結、水會溢出。
101%
水蒸氣
不行了，快要溢出來了。
吃了具良好成核能力的點心時
因為點心的效果，雖然過飽和度很低，水還是溢出來了。
100.1%
水蒸氣
我真的不行了，現在真的溢出來了……嘔！

圖1・11　因氣膠所產生的成核作用示意圖。

代表。另一方面，礦物粒子與生物氣膠等不溶於水的粒子會造成冰晶成核，稱為**冰晶核**（ice-crystal nuclei）。

在此，我們請飽和的氣塊先生針對雲成核進行說明（圖1・11）。若在沒有雲凝結核的乾淨環境中，持續提供水蒸氣給飽和的氣塊先生，因為氣塊先生可以攝取大量水蒸氣，理論上即使濕度到達數百％，都不會發生雲成核。但是，我們並不會觀測到這樣的濕度。在真實的大氣中，氣膠造成雲成核後，水蒸氣會從空氣中溢出變成水。如果存在具備成核能力的氣膠，即使**過飽和度**（超過一〇〇％的濕度）在一％以下，也會造成雲成核。如果有成核作用能力較高的氣膠，即使過飽和度只有〇・

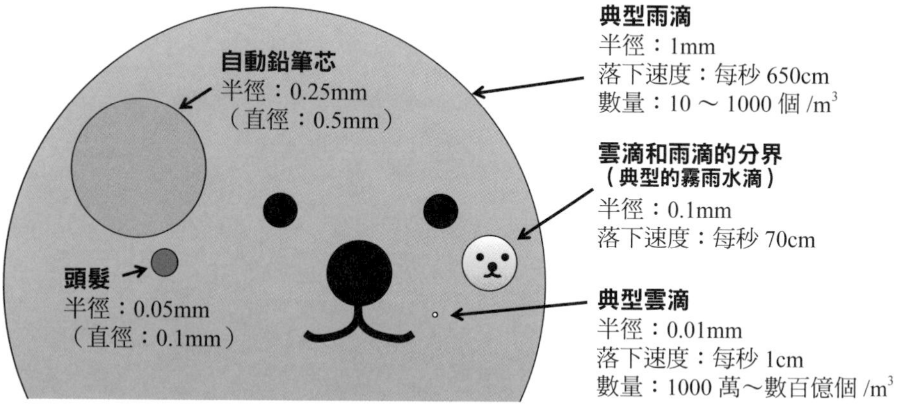
自動鉛筆芯
半徑：0.25mm
（直徑：0.5mm）
頭髮
半徑：0.05mm
（直徑：0.1mm）
典型雨滴
半徑：1mm
落下速度：每秒 650cm
數量：10 ～ 1000 個 /m³
雲滴和雨滴的分界
（典型的霧雨水滴）
半徑：0.1mm
落下速度：每秒 70cm
典型雲滴
半徑：0.01mm
落下速度：每秒 1cm
數量：1000 萬～數百億個 /m³
圖 1．12　雲滴與雨滴的大小。

一%，也會形成雲滴。

氣膠雖然小到無法一一看見，但根據數量的不同，雲的形成、發展過程也會有所變化，而這些變化則會對降水現象與整個地球的氣候造成極大影響。

水粒子們

從現在開始，我們要進入雲裡，觀察水和冰這些顆粒的成長。首先，若是暖雲，因雲成核形成的小型球狀雲滴，會吸取周圍大氣中的水蒸氣而成長、變大（**凝結成長**）。雲滴的大小大約為半徑一至十微米（〇．〇〇一至〇．〇一公釐），大約是人類毛髮（直徑約〇．一公釐）的五分之一（圖1．12）。慢慢變大的雲滴會開始落下，過程中因為和其他落下速度不同的雲滴相互碰撞、黏著而快速變大（**碰撞．合併成長**），就這樣長成了**雨滴**，大小約為半徑一公釐，是自動鉛筆芯（直徑〇．五公釐）的四倍。

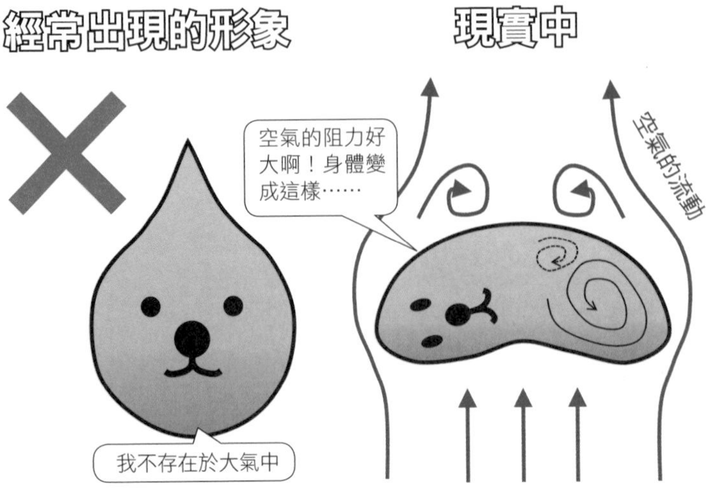
經常出現的形象
現實中
空氣的阻力好
大啊！身體變
成這樣……
空氣的流動
我不存在於大氣中

圖1・13　雨滴的實際狀態。

當雨滴變大後，落下時會受到空氣的阻力，因此原本呈球形的雨滴下半部會變得扁平，變成如日式饅頭般的形狀（圖1・13）。雖然以雨為概念所設計出的角色人物多半都把頭畫得尖尖的，但在真實的大氣中並沒有那種形狀的雨滴。因此當看到表現雨滴的作品中，繪者把雨滴畫成日式饅頭的樣子，我們便知道他是非常了解雨滴之人了。當雨滴變得更得更大，重新回到球型，半徑（等量半徑，equivalent radius）達到二・五至三公釐時，就會開始**分裂**。此外，當和其他雲滴或雨滴碰撞時，也可能會分裂，且分裂的方式也各有不同。

往地面落下的雨滴會和小型雲滴合而為一、繼續成長，就跟人類一樣，它們會經過多次的相逢與別離。雖然雨天總讓人感到心情鬱悶，但也不妨試著想像一下雨滴們聯手演出的每一齣戲。

冰粒們

接下來，讓我們進入因為冰晶而熱鬧滾滾的冰晶雲中。

冰晶成核有各種不同的模式，冰晶會直接自氣膠形成，而在低於零下四〇℃的極低溫天空中，就算沒有氣膠，也會從過冷雲滴內的冰晶幼苗形成，這種現象稱為冰晶的**均質成核**（homogeneous nucleation）；相反的，需要氣膠的成核作用通稱為**異質成核**（heterogeneous nucleation）。由此可知，冰粒的形成方式比水更加豐富多變。

冰晶吸取周圍的水蒸氣後便會成長（**昇華成長**）為**雪結晶**。說到雪結晶，大家應該會聯想到冬日街道上彷彿長出六隻手般的裝飾，這便是從六角形冰晶的角延伸、成長所形成的。

接下來，就讓我們來看看為什麼雲中的冰晶和雪結晶會長成為六角形。

透過冰晶成核所形成的冰晶幼苗，是水分子互相結合所形成的。水分子（H_2O）原本就是由一個氧原子（O）和兩個氫原子（H）以一〇四．四五的角度（鍵角）鍵結而成（圖1．14，36頁）。氧原子吸引、聚集水分子內電子的強度（電負度）比氫原子大，水分子中的氫原子只有少部分帶正電，相反的，氧原子則帶負電。這麼一來，擁有正負電荷的原子間，彼此相互吸引的力量（靜電引力）就會開始運作，某個水分子的氧原子會和其他水分子的氫原子相互連結，稱為**氫鍵鍵結**，形成氫鍵鍵結的氧原子總共會和三個氫原子牽手，平衡地形成一二〇度的鍵角。然後，當六個水分子以各自擁有的氫原子進行氫鍵鍵結後，就會恰巧形成一個六角形的穩定構造。藉此，冰晶幼苗形成六

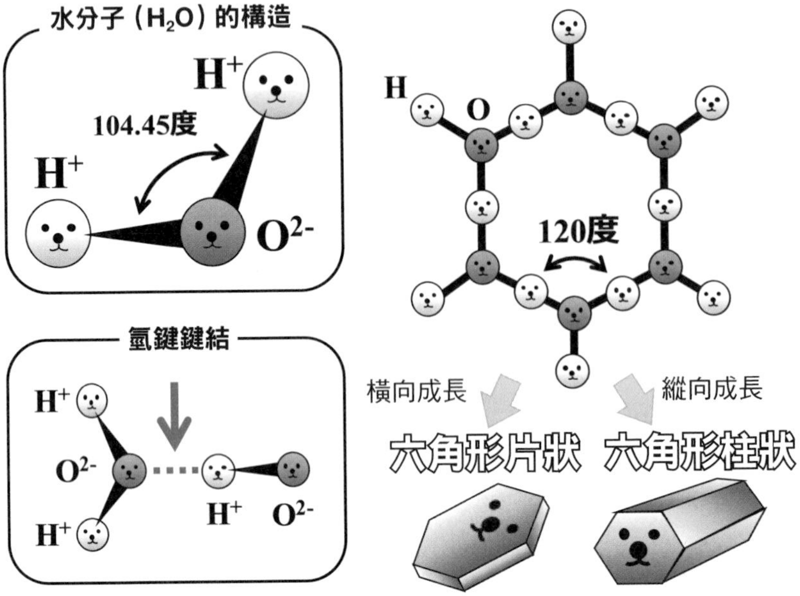
水分子（H_2O）的構造
H^+
104.45度
H^+
O^{2-}
氫鍵鍵結
H^+
O^{2-}
H^+
H^+
O^{2-}
H
O
120度
橫向成長
縱向成長
六角形片狀
六角形柱狀

圖 1・14　為何冰晶以六角形為基本構造。

角形，然後再往橫向或縱向發展，分別形成片狀或柱狀。

成長後的雪結晶會形成各種不同的形狀（**晶癖**，crystal habit）。雪結晶有好幾種分類方式，依照慣用至今的**雪結晶一般分類法**，可分成四十一種（圖1・15），若根據近年的研究結果所提出的**雪結晶全球分類**，則可分為八大類，三十九中類和一百二十一小類。常見的包括片狀結晶群之樹枝狀結晶與複合片狀結晶，此外還有針狀結晶、御幣狀（日本神道的祭祀中所使用的幣帛之一）結晶、鼓狀結晶（圖1・16）。宛如擁有六片花瓣般的雪結晶稱為六花，除了二花、三花、四花之外，還有花瓣較多的十二花、十八花、二十四花（六的倍數）。光是看著雪結晶的美麗造型，就

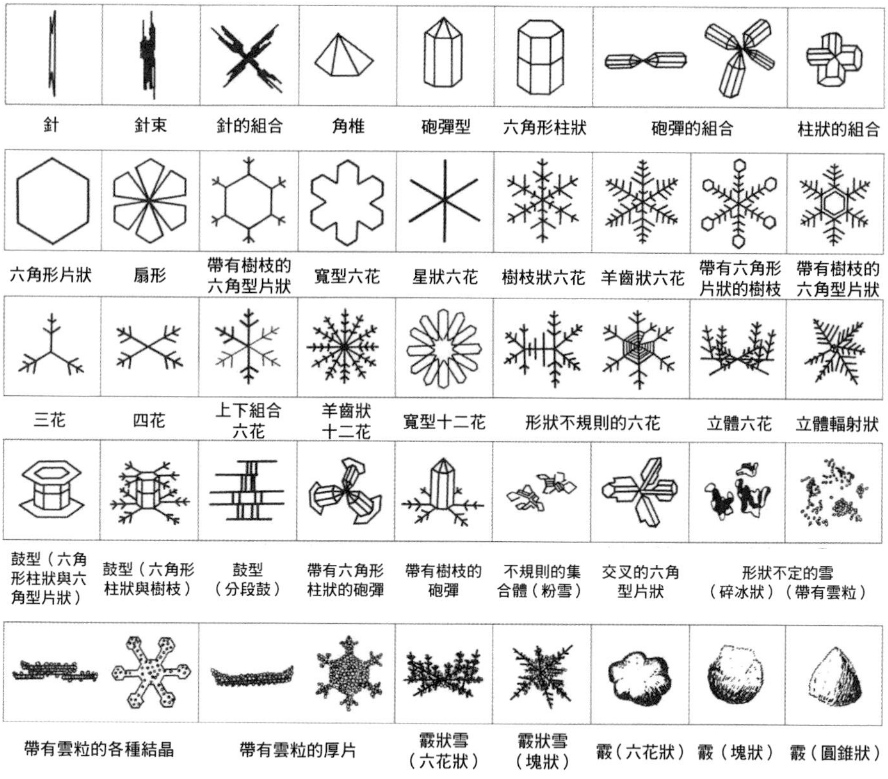
針
針束
針的組合
角椎
砲彈型
六角形柱狀
砲彈的組合
柱狀的組合
六角形片狀
扇形
帶有樹枝的六角型片狀
寬型六花
星狀六花
樹枝狀六花
羊齒狀六花
帶有六角形片狀的樹枝
帶有樹枝的六角型片狀
三花
四花
上下組合六花
羊齒狀十二花
寬型十二花
形狀不規則的六花
立體六花
立體輻射狀
鼓型（六角形柱狀與六角型片狀）
鼓型（六角形柱狀與樹枝）
鼓型（分段鼓）
帶有六角形柱狀的砲彈
帶有樹枝的砲彈
不規則的集合體（粉雪）
交叉的六角型片狀
形狀不定的雪（碎冰狀）（帶有雲粒）
帶有雲粒的各種結晶
帶有雲粒的厚片
霰狀雪（六花狀）
霰狀雪（塊狀）
霰（六花狀）
霰（塊狀）
霰（圓錐狀）

節錄自　中谷宇吉郎「Snow Crystals」（1954）

圖 1・15　雪結晶的一般分類。中谷宇吉郎雪的科學館提供。

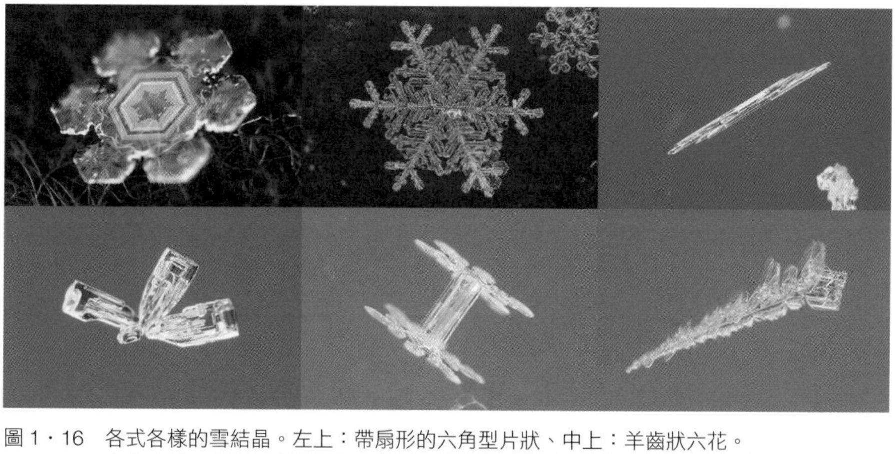

圖 1・16　各式各樣的雪結晶。左上：帶扇形的六角型片狀、中上：羊齒狀六花。右上：針、左下：砲彈集合、中下：樹枝鼓、右下：御幣，以上名稱乃根據雪結晶全球分類。藤野丈志先生提供。

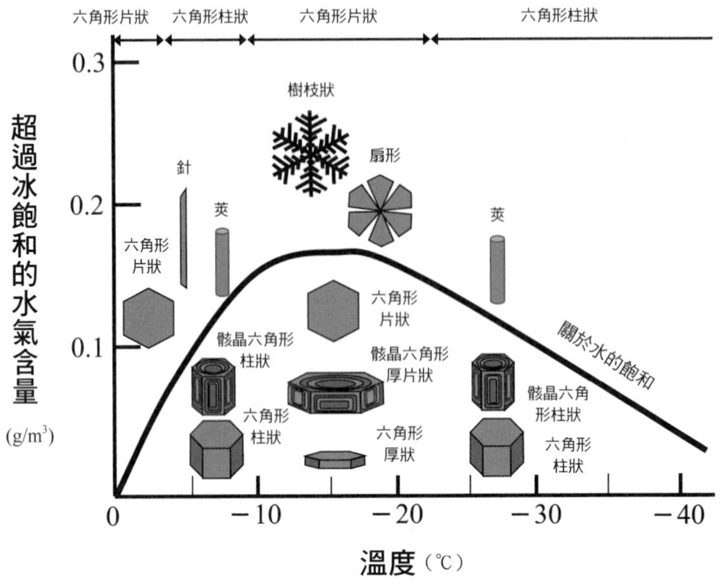

圖1．17　雪結晶的晶癖與其成長環境。小林圖表。

讓人滿心雀躍。

雪結晶的晶癖會隨著結晶成長時的大氣狀態（氣溫、水氣含量）而變化，部分結晶擁有階梯狀的**骸晶構造**（crystal skeleton）（圖1．17，小林禎作博士所開發的小林圖表）。若解讀飄落在地面的雪結晶形狀，便能了解形成那個結晶的雲當時的心情，也因此，世界第一位成功製造出人工雪結晶（一九三六年）的物理學者兼散文作家中谷宇吉郎博士（一九〇〇～一九六二）便曾說：

「**雪是天上稍來的信。**」

在雪中成長的雪結晶彼此牽手後，會形成從天空飄然而下的牡丹雪（圖1．18），我們稱之為雪片，這是樹枝狀結晶相互黏結所形成的（合併成長）。但有時也會降下**霰**這種表面充滿疙瘩的圓形冰粒（圖1．

（左）圖 1・18　樹枝六花所形成之雪片。2017 年 1 月 20 日茨城縣筑波市。
（右）圖 1・19　塊霰。2017 年 2 月 11 日新潟縣長岡市。

19）。若過冷雲滴附著在從雲內落下的雪結晶表面，在附著的瞬間就會凍結，這個結晶會一邊旋轉，一邊落下，在吸取過冷雲滴（**雲滴捕捉成長**）的同時不斷變大的東西便是霰。在本書第五章第二節（259頁），我將告訴各位如何閱讀這些從天上稍來的信。

1・5 誰決定了雲的一生

雲所形成的大氣層

人類需要不斷呼吸著空氣藉以生存。一如我們在大氣中生活，雲也在大氣中誕生、成長。

地球上的大氣，從地表到約八十公里高的範圍內，幾乎都是同樣的組成。乾燥空氣中，氮氣體積約占七八％，氧氣約占二一％，其他則是氬和二氧化碳等，占比不到一％。水蒸氣也是組成大氣的氣體之一，但因它的含量會隨季節和場所而有巨大變動，在此不列入計算。

將袋裝洋芋片帶到山上後會明顯膨脹，乃愈往高山、氣壓愈低之故。顧名思義，氣壓（空氣的壓力）指的是在自己上方所有空氣的重量。氣壓的單位是hPa（百帕），在手掌（十平方公分）上放一根小黃瓜（一百公克）所感受到的壓力就是1hPa。以地球中的大氣來說，每上升十公尺，氣壓就會下降1hPa。氣壓也會隨著氣壓分布和逐日變化（daily variation）而有所變動，地面上的氣壓大約是一千hPa，雖然我們沒什麼感覺，但我們確實生活於相當在手掌上放著一千條小黃瓜（一百公斤）的沉重空氣中。

此外，一如到了山上就會變冷，高度愈高，地球上的大氣溫度就會愈低，但這是離地表最近的**對流層**（troposphere）的情況。氣溫下降的比例（**溫度直減率**，temperature lapse rate）為每升高一公里約下降六．五℃。幾乎所有的雲都是在對流層內形成的（圖1．20）。對流層與其上氣層的分界稱為**對流層頂**（tropopause），愈接近赤道的低緯度地區，對流層頂就愈高，愈接近北極的高緯度地區則愈低。對流層頂的平均高度為十一公里，在日本附近，冬天時不到十公里，夏天則為十五公里以上。因為雲能夠發展的最大高度就是對流層頂，所以隨著季節的變化，雲可以發展的最大高度也會有所差異。

從對流層頂往上到約五十公里處為**平流層**（stratosphere）。平流層下部約十公里的區域內氣溫維持一定，在那之上，高度愈高氣溫愈高，這是由於中緯度地區高度約十至五十公里處的**臭氧層**所造成的，因為臭氧層會吸收來自太陽的紫外線，造成溫度上升。從平流層往上到高度八十至九十公里這個區域為**中氣層**（mesosphere）。在這裡，高度愈高、氣溫愈低。平流層和中氣層有時也會形成特別的雲（第二章第四節，106頁）。一如對流層頂，這些氣層和其上氣層的分界分別是**平流層頂**（stratopause）和**中氣層頂**（mesopause）。中氣層的上空為**增溫層**（thermosphere），增溫層的大氣密度非常低，大氣組成也和中氣層以下的氣層不同。在增溫層，因為太陽紫外線的影響，愈往上溫度愈高，位於增溫層內的**電離層**（ionospheric layer）會出現極光（第三章第五節，161頁）。

讓我們從宇宙來觀察各個氣層。圖1・21（42頁）是從氣象衛星向日葵八號所看見的北半球高緯度地區。覆蓋著地球的藍色部分大致為對流層，再往上可以看到發出微弱光線的部分為**氣輝**（airglow），是高層大氣中的發光現象。像這樣從太空來觀看地球，便可實際感受到相較於地球，形成雲的對流層只是薄薄的一層。

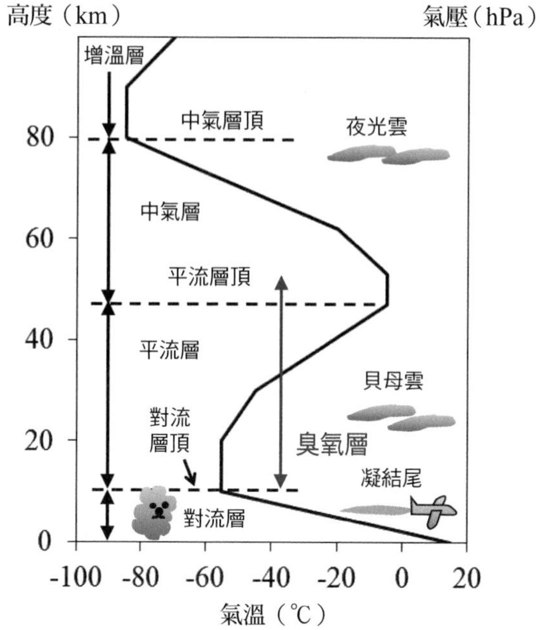

圖1・20　日本附近不同高度的氣溫分布圖。

形成雲的大氣條件

喜歡上雲之後，我便很想知道，天空中我喜歡的那種雲是在什麼樣的環境

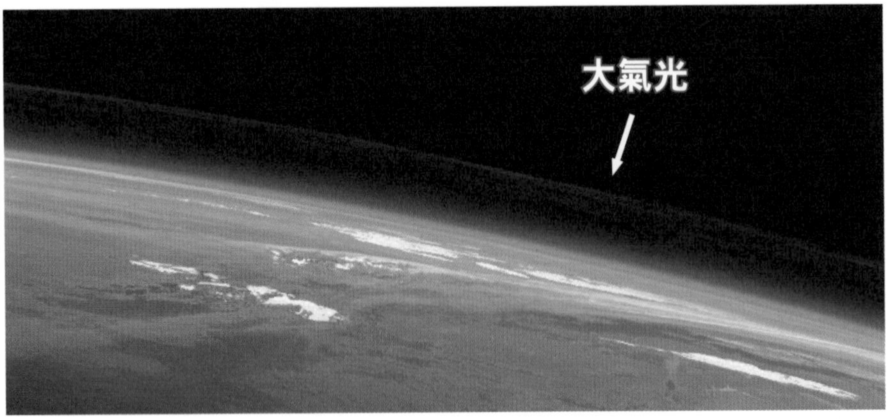

圖 1・21　北半球高緯度的大氣層。2015 年 7 月 10 日，日本國立研究開發法人情報通信研究機構（NICT）所提供之向日葵八號拍攝的可視影像色彩補正後畫面。

下誕生的。雲是大氣造成的，雲的形狀是成核作用產生的雲滴塑造成的，這個時候的空氣很冷，又接近飽和。空氣冷卻的原因之一是熱被冰冷的地面奪走了（熱傳導），在晴朗夜晚的隔天早晨，因輻射冷卻造成空氣冷卻，進而出現的輻射霧（radiation fog）就是典型的例子（第四章第二節，183頁）。空氣和冷空氣混合後也會變冷。寒冬中口中吐出的白煙或味噌湯的熱氣等，都是溫暖潮濕的空氣和冷空氣混合後，因飽和所形成的雲。

而且，空氣上升後也會變冷。我們來思考一下空氣不和周圍交換熱的**絕熱過程**（adiabatic process），並且看看當和周圍溫度相同的氣塊先生上下運動時會出現什麼狀況（圖1・22）。

首先，當氣塊先生是乾燥空氣時，如果讓他上升，因為上面的地方氣壓較低，他的身體會開始膨脹（**絕熱膨脹**，adiabatic expansion）。因為身體要變大，他會因為這個過程而感到疲倦，進而失去熱，造成溫度下降

（**絕熱冷卻**，adiabatic cooling）。相反的，若讓他下降，因為周圍的氣壓很高，他會因為受到壓力而造成**絕熱壓縮**（adiabatic compression）。這麼一來，那些工作量就會囤積在體內，導致溫度上升（**絕熱升溫**，adiabatic temperature rise）。

另一方面，如果氣塊先生是潮濕空氣，當他上升後，因為溫度變冷，可以喝的水蒸氣量會減

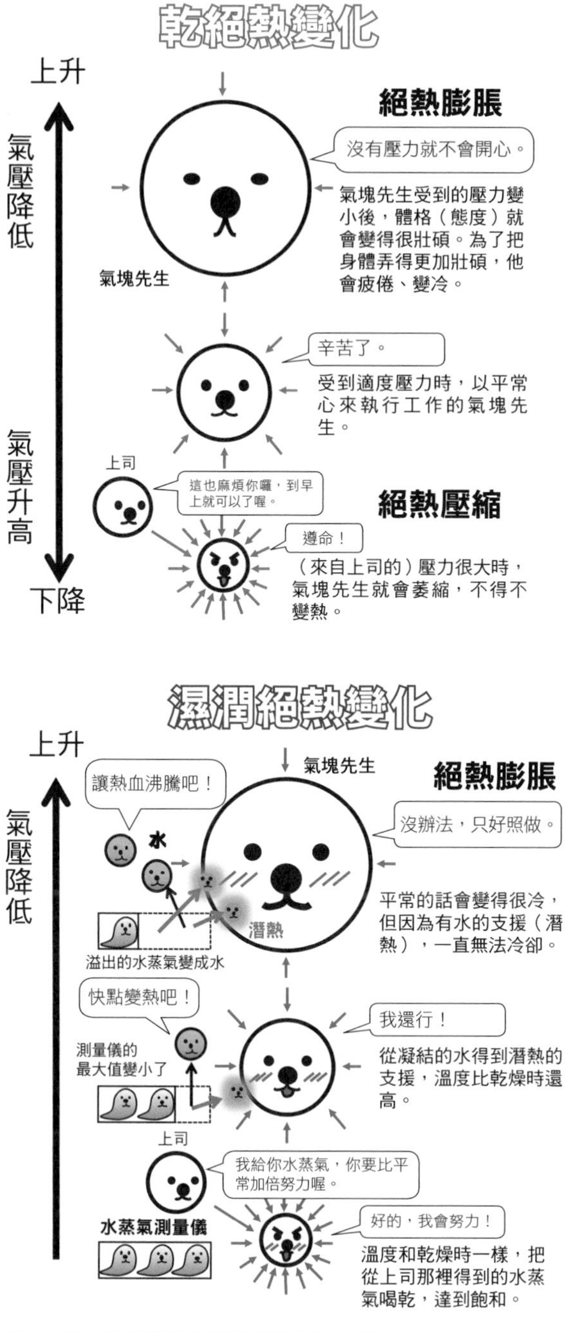

乾絕熱變化
上升
氣壓降低
氣壓升高
下降
絕熱膨脹
沒有壓力就不會開心。
氣塊先生受到的壓力變小後，體格（態度）就會變得很壯碩。為了把身體弄得更加壯碩，他會疲倦、變冷。
氣塊先生
辛苦了。
受到適度壓力時，以平常心來執行工作的氣塊先生。
上司
這也麻煩你囉，到早上就可以了喔。
絕熱壓縮
遵命！
（來自上司的）壓力很大時，氣塊先生就會萎縮，不得不變熱。
濕潤絕熱變化
上升
氣壓降低
氣塊先生
絕熱膨脹
讓熱血沸騰吧！
水
沒辦法，只好照做。
潛熱
平常的話會變得很冷，但因為有水的支援（潛熱），一直無法冷卻。
溢出的水蒸氣變成水
快點變熱吧！
我還行！
測量儀的最大值變小了
從凝結的水得到潛熱的支援，溫度比乾燥時還高。
上司
我給你水蒸氣，你要比平常加倍努力喔。
水蒸氣測量儀
好的，我會努力！
溫度和乾燥時一樣，把從上司那裡得到的水蒸氣喝乾，達到飽和。

圖1・22　乾絕熱變化與濕絕熱變化示意圖。

少。當氣塊先生達到飽和後，會一邊把水吐出來，一邊上升。此時，因為從水蒸氣轉換成水滴的相變，潛熱被釋放出來，與乾燥空氣的狀態相比時，變冷的方式變得比較緩慢。事實上，乾燥空氣的溫度直減率約為一公里十℃（**乾絕熱直減率**，dry-adiabatic lapse rate），濕潤空氣則約為五℃（**濕絕熱直減率**，moist-adiabatic lapse rate）。在形成雲的對流層，平均溫度直減率為每公里六・五℃，比濕絕熱直減率稍微高一些，所以可以知道這是個有水蒸氣的環境。

孕育積雨雲的大氣條件

竄入高空的濃密入道雲是典型的夏日風景，入道雲是日文俗稱，以氣象學來說，應該稱為濃積雲。當濃積雲成長為積雨雲時，便會成為落雷、陣風和局部地區大雨的主要原因。在電視的天氣預報中，常會用「因為**大氣狀態不穩定**，部分地區會出現雷雨」這樣的描述來提醒民眾注意。讓我們來想一想，積雨雲發達的不穩定大氣狀態是何種狀態。

勉強讓氣塊先生上升到某個高度時，他的行動便會受到周圍空氣的溫度直減率影響（圖1・23）。首先，所謂穩定的大氣狀態，指的是勉強抬升的氣塊先生溫度比周圍氣溫低，相對的也會比較重，因而下降，回到原本高度的狀態。如果是與此相反的不穩定大氣狀態，抬升的氣塊先生溫度比周圍還高，相對的也會比較輕，所以會自發性的上升。

如果周圍的溫度直減率小於濕絕熱直減率，就算把飽和氣塊先生往上抬，溫度還是比周圍低，

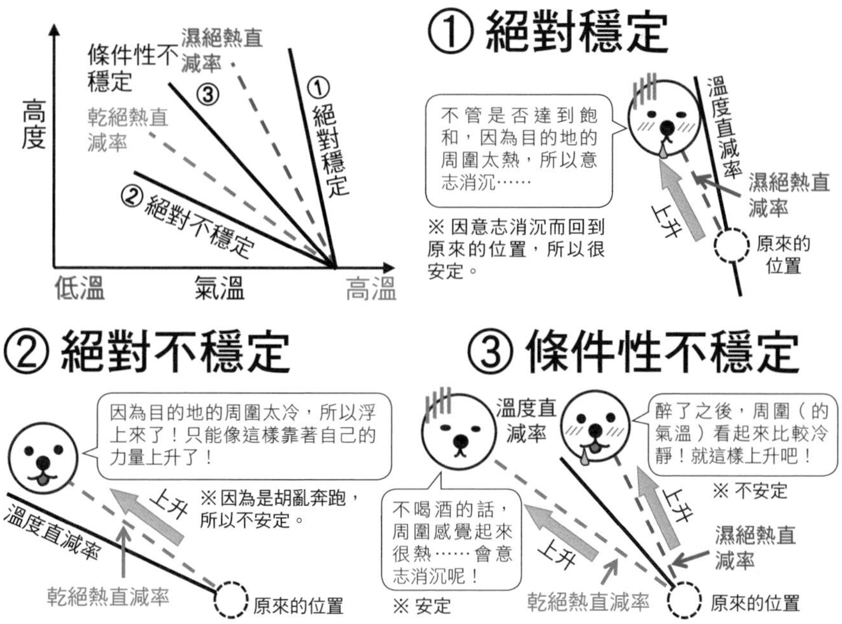

圖1・23　周圍大氣隨著溫度直減率的不同而產生的穩定度差異。

相對的也會比較重，所以會出現垂直向下（負）的浮力（**絕對穩度**，absolute stability，圖1・23①）。另一方面，如果周圍的溫度直減率大於乾絕熱直減率，就算把未飽和氣塊先生往上抬升，溫度還是比周圍來得高，因為相對較輕，所以會有一股垂直向上（正）的浮力，讓他自發性地上升（**絕對不穩度**，absolute instability，圖1・23②）。當溫度直減率大於濕絕熱直減率、小於乾絕熱直減率時，若氣塊先生達到飽和狀態就會不穩定，但若是處於未飽和狀態則會穩定（圖1・23③）。從春天到秋天這段時間，日本附近大部分都屬於這種狀態，稱為**條件性不穩定**（conditional instability）。此外，有時大氣中也會出現高度愈高氣溫愈

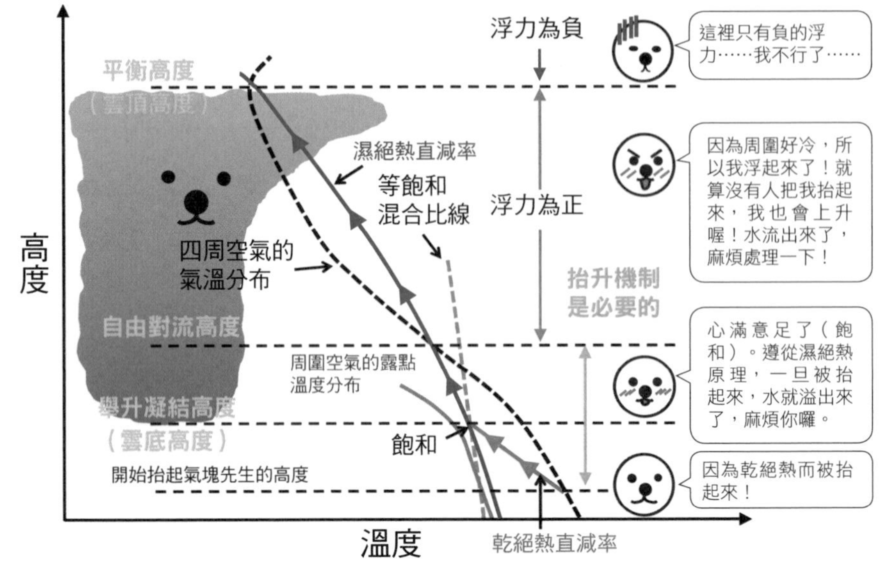

圖 1．24　濕空氣被抬起時的狀態變化。

高的**逆溫層**（inversion layer）與絕對穩定的**穩定層**等氣層，對流層頂便屬於這些氣層。

讓我們來思考一下，在條件性不穩定大氣中發展的積雨雲裡的氣塊先生的運動（圖1．24）。將未飽和氣塊先生從大氣下層勉強往上抬升後，他的溫度會因為乾絕熱直減率而下降，並在某個高度因為飽和而開始凝結，這個高度稱為**舉升凝結高度**（lifting condensaton level，LCL），大約相當於雲下部的高度（**雲底高度**，cloud base height）。若將氣塊先生抬得更高一些，他的溫度會因為濕絕熱直減率而下降，超過某個高度之後，溫度會比周圍的空氣更高，這個高度稱為**自由對流高度**（level of free convection，LFC），在更高的上空，他會自發性的上升。當氣塊先生再度往上升之後，在某個高度他的溫度會變得比周圍的氣溫更低，然後就再也無法上升了，這個高度稱為**平衡高度**（equilibrium level），大約相當於雲上部的高度（**雲頂高度**，cloud top height）。不過，上升的氣塊先生沒有在平衡高度停下腳步，他會在繼續往上抬升後被擠壓回來，這主現象稱為**過衝**（overshoot），經常可以在發達的積雨雲中看到。從春天到秋天，平衡高度多半是對流層頂的高度，容易形成很厚的積雨雲。

在「大氣狀態不穩定」的狀態下，上空有冷空氣流入、造成低溫，下層有大量水蒸氣流入的狀況會變得非常明顯。這個時候，自由對流高度會變低，平衡高度會變高。這麼一來，光是將下層空氣稍微往上抬升，積雨雲就會變得很發達，而積雨雲可以變發達的最大高度也會變得更高。

1．6 雲與風的關係

為什麼會有風

雲看似自由自在地飄浮在空中，但是高空的風比地面強勁許多，大氣（對流層）上層有時會吹**西風**等強風。因為雲的形狀會大幅受到風的影響，所以我們也可以透過雲的形狀和移動，解讀高空中的風。在此，我們就試著來思考為什麼會有風。

在有風的日子待在屋外，我們的身體會感受到空氣的撞擊。若空氣要變成會移動的風，必須有

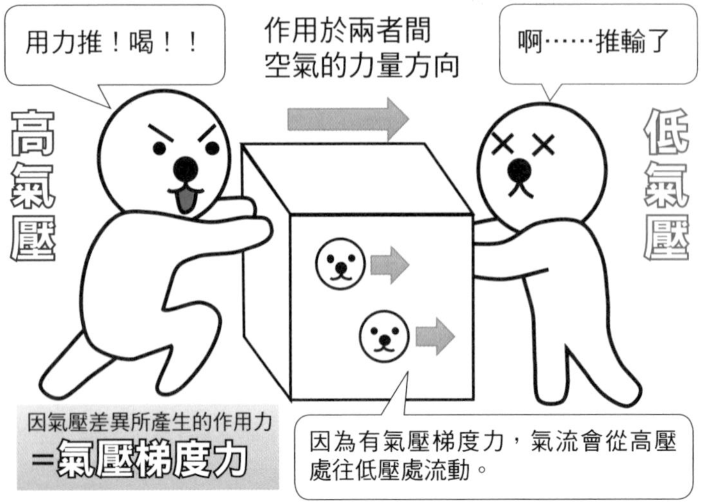
用力推！喝！！
作用於兩者間
空氣的力量方向
啊……推輸了
高氣壓
低氣壓
因氣壓差異所產生的作用力
＝氣壓梯度力
因為有氣壓梯度力，氣流會從高壓
處往低壓處流動。

圖 1・25　氣壓梯度力示意圖。

力量作用在空氣上，因氣壓差異造成的**氣壓梯度力**（pressure gradient force）便是一種作用力。讓我們來思考一下高氣壓和低氣壓間的空氣運動（圖 1・25）。原本，所謂高氣壓或低氣壓，指的是相較於周圍的相對性氣壓高或低，並沒有一定的數值規定多少hPa以上或以下就是高氣壓或低氣壓。

因為高氣壓會比低氣壓來得沉重、有壓力，高氣壓比低氣壓多出的那些力量（氣壓梯度力）會對兩者之間的空氣產生作用，因此造成空氣往低氣壓運動，或是風從高氣壓吹出，然後朝向低氣壓聚集流動。下次看到電視天氣預報的天氣圖時，不妨想像一下高氣壓與低氣壓相互壓迫、推擠的模樣。

氣團的界線——鋒與雲

電視的天氣預報經常會提到「**鋒**」（front）這個字，事實上，鋒和雲密切相關。鋒指的是當兩種密度、氣溫、水氣含量、風等性質都不一樣的空氣相互接觸時，這些空氣在地面上的分界線。在某種程度的廣大水平區域內的同性質空氣，稱為**氣團**（air mass）。地面天氣圖中，廣達一千公里氣團的分界線稱為鋒。氣團之間的分界線有時會延伸到高空，高空中的氣團分界線則稱為鋒面（frontal surface）。

因為形成鋒的氣團密度（重量）不同，較輕的空氣遇上較重的空氣時，會造成上升氣流、形成雲。地面天氣圖上的鋒包含**冷鋒**（cold front）、**暖鋒**（warm front）、**囚錮鋒**（occluded front）、**滯留鋒**（stationary front），日本附近氣團交換時期的滯留鋒，在梅雨時期稱為梅雨鋒，在夏秋季節交替時稱為秋雨鋒。比較某天地面天氣圖（圖1・26、50頁）與雲的分布（圖1・27、50頁）後，可以發現有峰的地方就有大面積的濃密雲層。

在美國的地面天氣圖上，會有水氣含量不同的氣團所形成的名為**乾線**（dry line）的鋒。此外，性質相同，但風速或風向不同的空氣彼此接觸時的界線稱為**風切線**（shear line）。Shear乃「切變」之意，風向、風速的切變稱為**風切**（wind shear），水平風的切變稱為**水平風切**（horizontal wind shear），垂直風的切變稱為**垂直風切**（vertical wind shear）。空氣相互聚集會形成水平風切，若風在大氣下層聚集（收束）、撞擊，無處可去的空氣會造成**上升氣流**，是形成雲的主要原因。

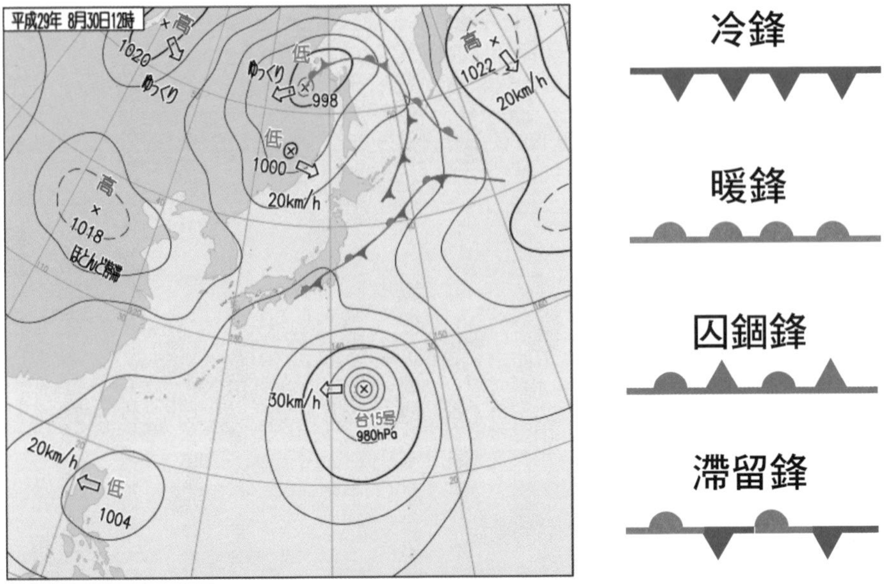

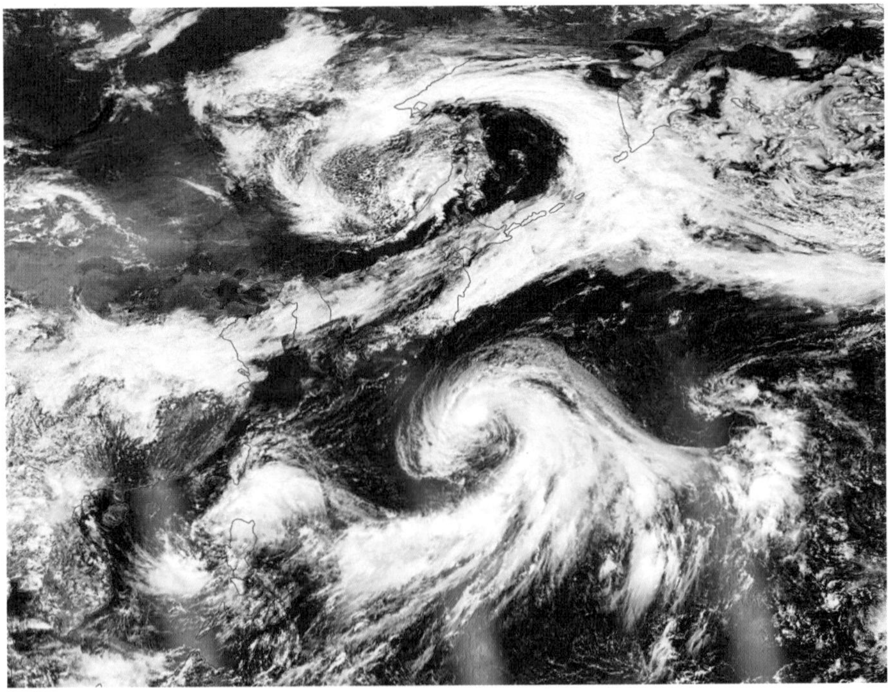

（上）圖 1・26　出現於 2017 年 8 月 30 日 12 點的地面天氣圖與鋒的種類。
（下）圖 1・27　出現於 2017 年 8 月 29 日日本附近的雲。NASA EOSDIS worldview 的索米國家極地軌道夥伴衛星（Suomi NPP）所拍攝之可視影像。

鋒有各種不同的類型，包括呈現水平延伸的小型局部性鋒面（local front），伴隨著因海陸逐日變化之溫差形成的海陸風（land and sea breeze）而出現的鋒（第四章第一節，174頁）、伴隨著發達積雨雲而形成的陣風鋒面（gust front）（第四章第三節，198頁）、低氣壓接近時出現在日本關東沿岸的海岸鋒（coastal front）（第四章第四節，214頁）等等，這些雖然都是不會出現在地面天氣圖上的小規模現象，但對雲的形成和促進降水來說都扮演著重要角色。

因為雲而被可視化的漩渦

透過衛星觀測來觀察地球時，可以看到許多漩渦。這些漩渦是雲讓旋轉的氣流可視化的結果。漩渦的名稱會隨著旋轉軸的方向而有所不同，擁有垂直於地面的軸，且往水平方向旋轉的漩渦稱為**垂直漩渦**，擁有水平方向的軸，且往垂直方向旋轉的漩渦稱為**水平漩渦**。颱風和低氣壓屬垂直漩渦，受到柯氏力（Coriolis force，因地球自轉，而對地表附近的運動所造成的一種偏向力）的影響，在北半球呈逆時針方向旋轉，在南半球呈順時針方向旋轉。不過，上述是針對出現在地面天氣圖的大規模（綜觀尺度，synoptic scale）漩渦而言。若是中尺度（meso scale）漩渦，就算沒有出現在地面天氣圖上，如果是廣達數百公里的低氣壓，還是會因為柯氏力的影響而呈逆時針方向旋轉，但積雨雲內的小型漩渦並不會受到柯氏力的影響（第四章第三節，198頁）。此外，龍捲風等更小規模（微尺度，microscale）的漩渦也不會受到柯氏力的影響，可能朝向任何方向旋轉（第四章

第四節，214頁）。

形成漩渦的原因非常多，比方說，出現在某天衛星影像上日本海上大型逆時針方向漩渦，就是上空的西風因為過度蛇行而斷裂形成的**冷渦**（cold vortex）（圖1．28，影片1．2）。部分冷渦中有著小型漩渦列，在這裡水平風切很大，風速和風向會出現差異。有著水平風切的環境，代表大氣能量上的不穩定，會引發**水平風切不穩定**，並形成渦列（vortex trail）。伴隨著水平風切不穩定所發生之漩渦間隔，會依風切的水平規模而有所差異，圖1．28的漩渦有著超過數百公里的間隔，有些龍捲風也會因為數百尺的間隔而形成漩渦。

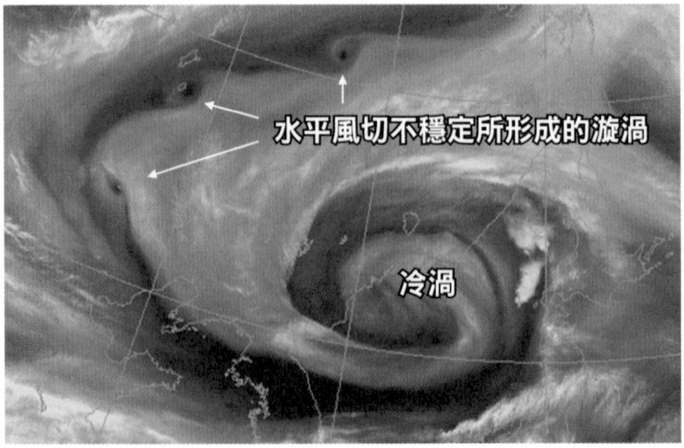

圖1．28　冷渦與水平風切不穩定的漩渦。2017年5月14日23點向日葵八號所拍攝之水蒸氣影像。節錄自日本氣象廳網頁。

漩渦有各種不同的發展方式。以龍捲風來說，可藉由滑冰選手在旋轉時將伸出的腳和手腕往身體拉近，旋轉速度就會加快的**角動量守恆定律**來發展。伴隨龍捲風出現的垂直漩渦，不僅會因為積雨雲的上升氣流將漩渦往上空拉動而變強，也會因為水平漩渦的立起而變強（圖1．29）。此外，關於颱風和溫帶氣旋漩渦的發展過程，將在第四章第四節介紹。

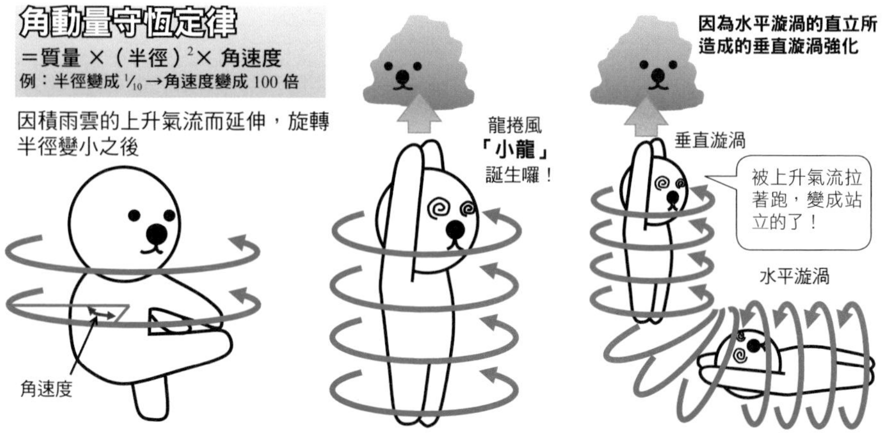
角動量守恆定律
＝質量 ×（半徑）^{2}× 角速度
例：半徑變成 1/10 →角速度變成 100 倍
因積雨雲的上升氣流而延伸，旋轉半徑變小之後
角速度
龍捲風
「小龍」
誕生囉！
因為水平漩渦的直立所造成的垂直漩渦強化
垂直漩渦
被上升氣流拉著跑，變成站立的了！
水平漩渦

（上）圖 1・29　垂直漩渦的強化過程示意圖。
（下）圖 1・30　出現在積雲中的馬蹄渦。2014 年 12 月 7 日新潟縣新潟市。藤野文志先生提供。

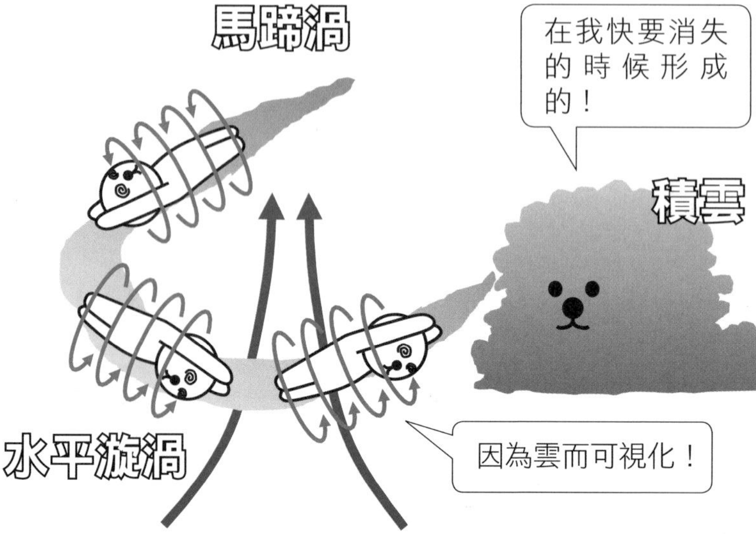

圖 1.31　馬蹄渦的示意圖。

在有垂直風切的情形下，狀如棉花的積雲即將消失時，有時會出現馬蹄狀的雲。這種雲會將**馬蹄渦**（horseshoe vortex）可視化，積雲造成的小規模上升氣流中會出現水平漩渦，可以把它想成變形的渦管（vortex tube）（圖 1．30、圖 1．31）。

就像這樣，在我們身邊存在著許多漩渦，偶爾它們會因為雲而可視化，出現在我們眼前。有些漩渦雖然會帶來災害，但不做壞事的漩渦還是非常值得喜愛。

第2章

各式各樣的雲

解說影片

2・1 十大雲屬

什麼是十大雲屬

抬頭仰望天空，我們會看到各式各樣的雲。與人相處時，若知道對方的姓名，通常會覺得格外親近，同樣的，若知道雲的名稱，就可以和雲進行溝通。當你覺得這些雲愈看愈可愛時，你對雲的愛也會瞬間變得更加深刻，因此本章我將介紹雲的分類和名稱。

一般來說，我們根據雲的模樣、高度、形成過程等將雲分成十個種類，亦即「**十種雲屬**」。這十種雲屬乃是根據一九五六年世界氣象組織所發行**國際雲圖**（International Cloud Atlas）〔1〕的定義，現在依然為全球各觀測站採用。

十種雲屬分別為卷雲、卷積雲、卷層雲、高積雲、高層雲、雨層雲、層積雲、層雲、積雲、積雨雲，通常會將其拉丁文名稱縮減為兩個字母來表示，如Ci、Cb等（表2・1，圖2・1）。依據高度的不同，雲又分為「**高層雲**」、「**中層雲**」、「**低雲**」，而依據雲粒的相態，還可分為「水雲」、「混合雲」、「冰晶雲」。

仔細觀察十種雲屬的名稱，我們會發現幾個共通點。卷雲是呈條狀或羽毛狀的雲，層雲是覆蓋著一整片天空或某部分的層狀雲，積雲是不斷重疊、感覺相當茂密的塊狀雲，雨層雲則是引起降雨的雲之意。積狀雲（cumuliform cloud）是上升氣流較強的雲，即使在高、中層也會生成由過冷雲滴

表2·1　十種雲屬的簡稱·記號，以及在日本附近的特徵。

	名稱	簡稱	記號	別名	高度（km）	雲的相態
高層雲	卷雲：cirrus	Ci		條狀雲、羽毛雲、吻仔魚雲	5～13	冰
	卷積雲：cirrocumulus	Cc		鱗雲、沙丁魚雲、鯖魚雲		冰／混合
	卷層雲：cirrostratus	Cs		薄雲		冰
中層雲	高積雲：altocumulus	Ac		綿羊雲、叢雲、斑點雲	2～7	混合／水
	高層雲：altostratus	As		朧雲		
	雨層雲：nimbostratus	Ns		雨雲、雪雲	雲底在低雲的範圍內，雲頂為6左右	
低雲	層積雲：stratocumulus	Sc		畝雲、陰雲	2以下	混合／水
	層雲：stratus	St		霧雲	地面附近～2	
	積雲：cumulus	Cu		棉花雲、濃積雲便是入道雲	地面附近～2 濃積雲高度更高	
	積雨雲：cumulonimbus	Cb		雷雲	雲頂有時會在12以上	混合

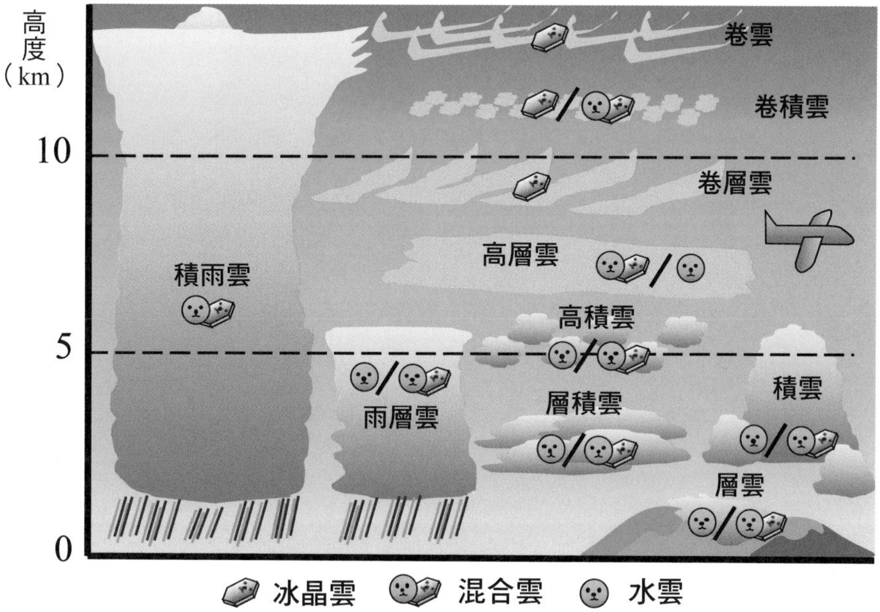

圖2·1　十種雲屬的典型出現高度與雲粒相態。

形成的水雲和混合雲。因為積狀雲是在不穩定的大氣中形成，所以又稱**對流雲**（convective cloud）。積狀雲會朝向上空發展，相對於此，往水平方向擴展的雲則稱為**層狀雲**。

雲的辨別方法

現在，就讓我們以十種雲屬，針對飄浮在空中的雲進行分類（圖2・2）。

①可以看到伴隨著打雷而出現的光，或是可以聽到雷聲，就是積雨雲。沒有光或雷聲時，②每一朵雲都非常茂密，或呈現圓頂狀，而且③雲頂的一部分呈現羽毛狀，那就是積雨雲；若沒有呈現羽毛狀，便是積雲。沒有看到②的特徵時，就要確認④呈卷滾狀的雲是否是彼此相連的連續層狀雲。擁有這個特徵，⑤且可以清楚看到太陽或月亮的便是卷層雲。若非如此，⑥呈現淡暗灰色至暗灰色的片狀般層狀雲就是高層雲。⑦更加大而濃密，延伸到低層，可看見降水的則是雨層雲。

沒有④的特徵時，⑧若呈現白色的小型束狀，或纖維狀，便是卷雲。⑨把手打開伸向天空時，如果每一朵雲都比一根食指的寬度還要小，便是卷積雲，⑩若每一朵雲都略帶圓形，大小約一到三根手指，便是高積雲。如果雲很大，比拳頭還大，就是層積雲。

一如上述，卷積雲、高積雲或層積雲等不同高度的積狀雲，可以根據看見每個雲個體時的大小，亦即**視角**，來加以辨別。辨別雲時的視角，若可看到地平線以上三十度的天空就屬有效。面對雲，把手筆直伸向天空時，一根手指的寬度相當視角一度。不只是雲，視角的概念也適用於虹等大

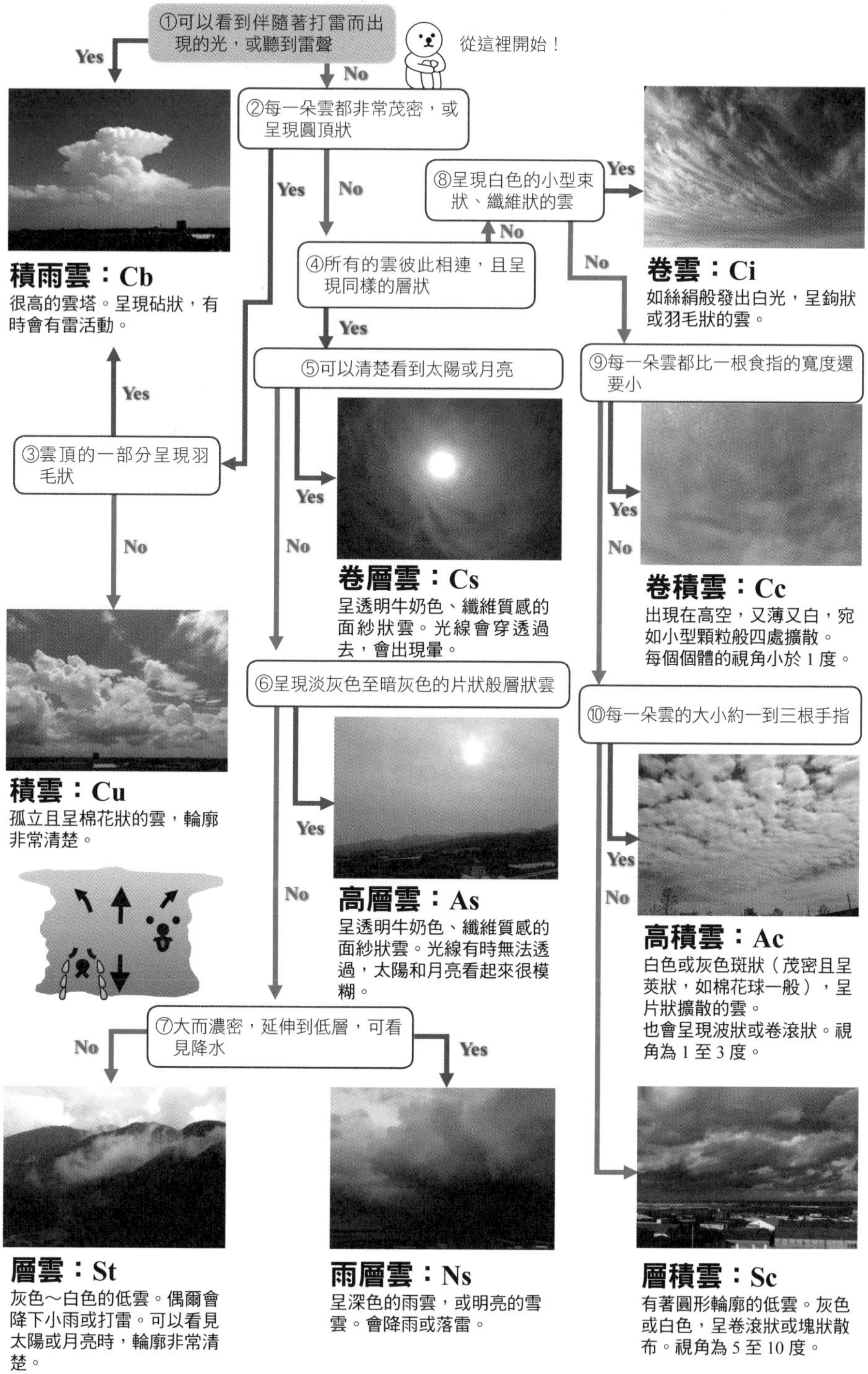
①可以看到伴隨著打雷而出現的光，或聽到雷聲
從這裡開始！
Yes
No
②每一朵雲都非常茂密，或呈現圓頂狀
積雨雲：Cb
很高的雲塔。呈現砧狀，有時會有雷活動。
Yes
No
③雲頂的一部分呈現羽毛狀
Yes
No
積雲：Cu
孤立且呈棉花狀的雲，輪廓非常清楚。
④所有的雲彼此相連，且呈現同樣的層狀
No
⑧呈現白色的小型束狀、纖維狀的雲
Yes
卷雲：Ci
如絲絹般發出白光，呈鉤狀或羽毛狀的雲。
No
Yes
⑤可以清楚看到太陽或月亮
Yes
卷層雲：Cs
呈透明牛奶色、纖維質感的面紗狀雲。光線會穿透過去，會出現暈。
No
⑥呈現淡灰色至暗灰色的片狀般層狀雲
Yes
高層雲：As
呈透明牛奶色、纖維質感的面紗狀雲。光線有時無法透過，太陽和月亮看起來很模糊。
No
⑦大而濃密，延伸到低層，可看見降水
No
層雲：St
灰色～白色的低雲。偶爾會降下小雨或打雷。可以看見太陽或月亮時，輪廓非常清楚。
Yes
雨層雲：Ns
呈深色的雨雲，或明亮的雪雲。會降雨或落雷。
⑨每一朵雲都比一根食指的寬度還要小
Yes
卷積雲：Cc
出現在高空，又薄又白，宛如小型顆粒般四處擴散。每個個體的視角小於1度。
No
⑩每一朵雲的大小約一到三根手指
Yes
高積雲：Ac
白色或灰色斑狀（茂密且呈莢狀，如棉花球一般），呈片狀擴散的雲。也會呈現波狀或卷滾狀。視角為1至3度。
No
層積雲：Sc
有著圓形輪廓的低雲。灰色或白色，呈卷滾狀或塊狀散布。視角為5至10度。

圖2・2　十種雲屬的分辨方式。

氣光象（photometeor）（第三章）。若有人在街上將手伸向天空，且仔細凝視著雲或天空，那人肯定是個雲迷。

我們可以依照這些步驟分辨十種雲屬。在不同高度的空中，存在著各式各樣的雲，若能試著數一數仰望天空時可以看見幾種雲，以及之後要介紹的雲的種類，應該會非常有趣。

氣象觀測時，**雲量**（相對於整個天空，被雲覆蓋的部分所占比例）也是觀測項目之一，我們用0和0^+、一到九的整數，以及10^-和10來表示。雲量在一以下為晴朗，二到八為晴天，九以上且看起來多為高層雲是微陰，九以上且看起來多為中層雲和低雲則是陰。若是微陰，因日照很強，或許在體感上會覺得是個晴朗的天氣。在日本氣象廳等機構所進行的正式觀測中，依據雲的狀態，高、中、低雲層又分為十個等級。若想更進一步鑽研雲的觀測方式，也可以參考《氣象觀測指南》（氣象廳）來進行觀測。

2・2更詳細的雲分類

雲的種類和變型

嚴格來說，所有的雲都長得不一樣。雲會在流動的大氣中不斷改變模樣，和每一朵雲的相遇，一生就有只有一次機會。

千變萬化的雲雖然可大致分類為十種雲屬，然而光是積雲，又包含呈扁平狀的雲和長相茂密的雲。因此，若將十種雲屬進一步仔細劃分，還可如動植物般分出**雲類**（Species）與**變形**（Varieties）。（表2・2，62頁）。在此，就為大家介紹根據最新版（二〇一七年版）國際雲圖（International Cloud Atlas）與美國氣象學會用語集〔2〕的分類方式。

首先，根據雲的模樣與內部構造來進行分類。以雲類來說，分為纖維狀雲（fibratus）、鉤狀雲（uncinus）、密卷雲（spissatus）、堡狀雲（castellanus）、絮狀雲（floccus）、層狀雲（stratiformis）、霧狀雲（nebulosus）、莢狀雲（lenticularis）、碎雲（fractus）、淡積雲、中度雲（mediocris）、濃雲（congestus）、卷滾雲（volutus）、禿狀雲（calvus）、髮狀雲（capillatus）十五種。而根據每一朵雲的排列和透明度，分成雜亂雲（intortus）、脊椎狀雲（vertebratus）、波狀雲（undulatus）、輻狀雲（radiatus）、網狀雲（lacunosus）、重疊雲（duplicatus）、透光雲（translucidus）、漏光雲（perlucidus）、蔽光雲（opacus）九個變形。將雲類及變形與十種雲屬排列組合後，會標記成纖維狀

表2・2　雲的分類一覽

	雲屬	雲類	變型	副型及附屬雲	母雲與特種雲	
					衍生雲	轉化雲
高層雲	卷雲 Cirrus：Ci	纖維狀卷雲： Ci fib 鉤卷雲： Ci unc 密卷雲： Ci spi 堡狀卷雲： Ci cas 絮狀卷雲：Ci flo	亂卷雲： Ci in 輻狀卷雲： Ci ra 脊椎狀卷雲： Ci ve 重疊卷雲： Ci du	乳房狀雲： mam 海浪雲 （Fluctus）：flu	卷積雲 高積雲 積雨雲 人為生成雲	卷積雲 人為生成雲
高層雲	卷積雲 Cirrocumulus： Cc	層狀卷積雲： Cc str 莢狀卷積雲： Cc len 堡狀卷積雲： Cc cas 絮狀卷積雲： Cc flo	波狀卷積雲： Cc un 網狀卷積雲： Cc la	旛狀雲：vir 乳房狀雲： mam 穿洞雲：cav	卷雲 卷層雲	卷雲 卷層雲 高積雲 人為生成雲
高層雲	卷層雲 Cirrostratus： Cs	纖維狀卷層雲： Cs fib 霧狀卷層雲： Cs neb	重疊卷層雲： Cs du 波狀卷層雲： Cs un		卷積雲 積雨雲	卷雲 卷積雲 高層雲 人為生成雲
中層雲	高積雲 Altocumulus： Ac	層狀高積雲： Ac str 莢狀高積雲： Ac len 堡狀高積雲： Ac cas 絮狀高積雲： Ac flo 卷滾狀高積雲： Ac vol	透光高積雲： Ac tr 漏光高積雲： Ac pe 蔽光高積雲： Ac op 重疊高積雲： Ac du 波狀高積雲： Ac un 輻狀高積雲： Ac ra 網狀高積雲： Ac la	旛狀雲：vir 乳房狀雲： mam 穿洞雲：cav 海浪雲：flu 糙面雲 （Asperitas）： asp	積雲 積雨雲	卷積雲 高層雲 雨層雲 層積雲
中層雲	高層雲 Altostratus： As		透光高層雲： As tr 蔽光高層雲： As op 重疊高層雲： As du 波狀高層雲： As un 輻狀高層雲： As ra	旛狀雲：vir 降水狀雲：pra 破片狀雲：pan 乳房狀雲： mam	高積雲 積雨雲	卷層雲 雨層雲
中層雲	雨層雲 Nimbostratus： Ns			降水狀雲：pra 旛狀雲：vir 破片狀雲：pan	積雲 積雨雲	高積雲 高層雲 層積雲

表2・2 雲的分類一覽（續）

	雲屬	雲類	變型	副型及附屬雲	母雲與特種雲	
					衍生雲	轉化雲
低雲	層積雲 Stratocumulus：Sc	層狀層積雲：Sc str 莢狀層積雲：Sc len 堡狀層積雲：Sc cas 絮狀層積雲：Sc flo 卷滾狀層積雲：Sc vol	透光層積雲：Sc tr 漏光層積雲：Sc pe 蔽光層積雲：Sc op 重疊層積雲：Sc du 波狀層積雲：Sc un 輻狀層積雲：Sc ra 網狀層積雲：Sc la	旛狀雲：vir 乳房狀雲：mam 降水狀雲：pra 海浪雲：flu 糙面雲：asp 穿洞雲：cav	高層雲 雨層雲 積雲 積雨雲	高積雲 雨層雲 層雲
低雲	層雲 Stratus：St	霧狀層雲：St neb 碎層雲：St fra	蔽光層雲：St op 透光層雲：St tr 波狀層雲：St un	降水狀雲：pra 海浪雲：flu	雨層雲 積雲 積雨雲 人為生成雲 森林雲（silva） 瀑布雲（cataracta）	層積雲
低雲	積雲 Cumulus：Cu	淡積雲：Cu hum 中度積雲：Cu med 濃積雲：Cu con 碎積雲：Cu fra	輻狀積雲：Cu ra	旛狀雲：vir 降水狀雲：pra 幞狀雲（Pileus）：pil 雲幔（Velum）：vel 弧狀雲（arc cloud）：arc 破片狀雲：pan 海浪雲：flu 漏斗雲：tub	高積雲 層積雲 火積雲（pyrocumulus） 人為生成雲 瀑布雲	層積雲 層雲
低雲	積雨雲 Cumulonimbus：Cb	禿積雨雲：Cb cal 髮狀積雨雲：Cb cap		降水狀雲：pra 旛狀雲：vir 破片狀雲：pan 砧狀雲：inc 乳房狀雲：mam 幞狀雲：pil 雲幔：vel 弧狀雲：arc 牆雲（wall cloud）：mur 尾雲（Tail Cloud）：cau 海狸尾雲：fim 漏斗雲：tub	高積雲 高層雲 雨層雲 層積雲 積雲 火積雲 人為生成雲	積雲

出處：根據國際雲圖（世界氣象組織，2017 年版）改編

卷雲（cirrus fibratus，Ci fib）或亂卷雲（cirrus intortus，Ci in）等（雲類的簡寫為三個字母，變形的簡寫為兩個字母）。

雲會自己形成，也會由名為**母雲**（mother-clouds）的其他雲長成。母雲包含由雲的一部分成長、變化，形成另一種雲的**衍生雲**（genitus），以及伴隨著雲內部構造的變化，雲的整體或大部分也發生轉變，從十種雲屬的分類轉變成其他類別的**轉化雲**（mutatus）。比方說，以高積雲為衍生雲所形成的卷雲稱為高積雲衍生卷雲（cirrus altocumulogenitus），以卷積雲為轉化雲所形成的卷雲稱為卷積雲轉化卷雲（cirrus cirrocumulomutatus）。

雖然都稱為雲，但根據其模樣、性格與形成過程，又分成許多種類。就讓我們一邊欣賞照片、一邊來認識它們。

讓人想伸手觸摸的卷雲

卷雲（Cirrus，Ci）會隨著高空的強風，形成宛如在空中用筆寫字一般的形狀。這是呈現纖維狀、羽毛狀與細長線狀的高層白雲，俗稱條狀雲、羽毛雲或吻仔魚雲。卷雲等帶有「卷」字的高層雲在過去稱為絹雲。

卷雲是全由冰晶形成的冰晶雲。會因為局部地區的風切或雲粒大小（**粒徑**）變化，在尾端出現斜斜的延伸或不規則彎曲。卷雲會以卷積雲或高積雲為衍生雲而形成，或是從積雨雲上層形成。有

（左）圖2・3　纖維狀卷雲。2017年1月28日茨城縣筑波市。
（右）圖2・4　鉤卷雲。2013年9月17日茨城縣筑波市。

的時候，不均勻卷積雲的較薄部分會因為凌亂四散而出現變異，形成卷雲。

卷雲有五個雲類與四個變形，以下依序介紹。有●符號的為雲類，★符號的為變形。

●纖維狀卷雲：Cirrus fibratus（Ci fib）

幾乎呈筆直延伸，或些微不規則彎曲的白色纖維狀（圖2・3）。這種雲多半呈現細長狀，不會出現鉤狀與絮狀。形成纖維狀卷雲的每一朵雲大多都各自獨立，是非常聰明的孩子。

●鉤卷雲：Cirrus uncinus（Ci unc）

上端呈現鉤狀，沒有灰色部分，經常形成逗點狀。一如圖2・4所示，傍晚時會出現美麗的紅棕色，宛如丰姿綽約的金魚在游泳一般。

●密卷雲：Cirrus spissatus（Ci spi）

在空中呈現斑狀蔓延，受到太陽照射時，看似帶有灰色的濃密卷雲（圖2・5，66頁）。當密卷雲蓋住太陽

圖2・5　密卷雲。2016年8月2日茨城縣筑波市。

時，輪廓會變得模糊，有時也會把太陽遮住。在夏半年（summer half year，四到九月）經常可以看到密卷雲。這種雲有時會從孤立的積雨雲上部發展而成（第四章第三節，198頁），讓人很想進入其中，埋身於冰塊間。

●堡狀卷雲：Cirrus castellanus（Ci cas）

為帶有小而圓纖維堡狀隆起的濃密卷雲（圖2・6）。這種雲帶有的堡狀，意味著那裡有著對流，以四處蔓延的卷雲為底，存在著不穩定的大氣層。每個堡的寬度在地平線往上三十度以上的高空，視角一度以上或一度以內皆可。視角一度以內則特別被歸類為堡狀卷積雲。是會讓人想伸手撫摸的雲。

●絮狀卷雲：Cirrus floccus（Ci flo）

為小而圓，狀如簇絨般，所有雲各自獨立，有時也會和狀如尾巴的雲一起出現（圖2・7）。這種雲所有絮狀的視角，在地平線往上三十度的空中，視角一度以上或以內都算。

★亂卷雲：Cirrus intortus（Ci in）

卷雲當中，出現不規則彎曲的纖維狀雲便是亂卷雲（圖2・8，68頁）。高空的風呈現紊亂時就

（左）圖2・6　堡狀卷雲。2017年9月15日茨城縣筑波市。
（右）圖2・7　絮狀卷雲。2016年7月28日茨城縣筑波市。

會出現這種雲。其不規則的形狀有一股美感，是種可愛的雲。

★輻狀卷雲：Cirrus radiatus（Ci ra）

因為透視效果，輻狀卷雲看起來會在地平線上有一個消失點，或是包含對面天空在內，有兩個消失點的平行排列卷雲（圖2・9，68頁）。這種雲有一部分會成為卷積雲或卷層雲。若採全景攝影，會拍出如畫作般讓人感到舒暢的天空。

★脊椎狀卷雲：Cirrus vertebratus（Ci ve）

每朵雲都呈現脊椎、肋骨或魚骨形狀（圖2・10，68頁）。因上空潮濕，其他類型卷雲的雲粒不斷成長、隨風飄盪，有時也會形成脊椎狀卷雲。因為長得很像鳥的羽毛，又稱羽毛雲。

★重疊卷雲：Cirrus duplicatus（Ci du）

是由在高度上有著些微差距的卷雲相互重疊而成，部分重疊的卷雲會黏在一起。許多纖維狀卷雲和鉤狀卷雲都會形成重疊卷雲，在圖2・11（69頁）的重疊卷雲中，

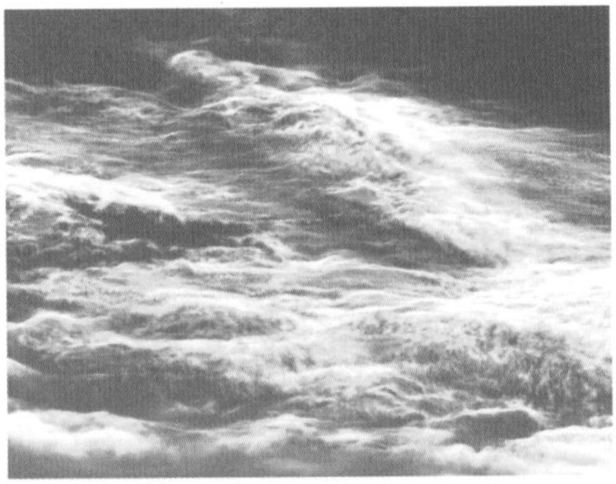

（上）圖 2・8　亂卷雲。2017 年 1 月 30 日茨城縣筑波市。
（中）圖 2・9　輻狀卷雲。2017 年 6 月 9 日茨城縣筑波市。
（下）圖 2・10　脊椎狀卷雲。2013 年 9 月 17 日茨城縣筑波市。

重疊層的下半部可以看到纖維狀卷雲，上半部則可以看到纖維狀卷雲與部分絮狀卷雲。當這種雲出現時，我們便知道上空有垂直風切。

讓人想把洞打開的卷積雲

卷積雲（Cirrocumulus、Cc）由粒狀或波紋狀小雲所形成，是呈白色片狀的斑狀高層雲，俗稱鱗雲、沙丁魚雲、鯖魚雲，是秋日的常見景象。因為很薄，所以這些雲無法形成影子。

形成卷積雲的雲有些互相黏在一起，有些彼此分開，有些則呈現規則排列，有各種不同的模

圖２・11　重疊卷雲。2015年3月4日茨城縣筑波市。

樣。其大小為從地平線往上三十度以上的天空，視角不到一度。仰望天空、伸直手臂，若可以用手指蓋住雲，那就是卷積雲（圖２・12，７０頁）。呈薄片般蔓延的卷積雲有時會有破洞、形成裂痕。卷積雲多半由過冷雲滴形成，經常可以觀測到華或彩雲等天空的虹色（第三章第二節，１２８頁）。

卷積雲的形成經常以只蔓延成一層的卷雲或卷層雲為衍生雲。由過冷雲滴形成的卷積雲快速冰化，在空中劃出旛狀雲（virga）（第四章第二節１８３頁）的線條，不管看幾次都宛如夢境般美麗。卷積雲有四個雲類和兩個變型。

●層狀卷積雲：Cirrocumulus stratiformis（Cc Str）

為分布範圍較廣的單層狀卷積雲（圖２・13，７１頁）。這種雲有的時候會有破洞，出現裂縫，凝視時會湧現一股想把洞打開的衝動。

圖2・12　卷積雲的分辨方式。2015年9月28日茨城縣筑波市。

●莢狀卷積雲：Cirrocumulus lenticularis（Cc len）

呈鏡片或杏仁狀的莢狀（圖2・14），有些雲會黏在一起。大部分莢狀卷積雲看起來都很平滑，整體看起來顏色非常白。這種雲特別容易出現彩雲（iridescent cloud），是極受追尋者喜愛的雲。

●堡狀卷積雲：Cirrocumulus castellanus（Cc cas）

有著從某個共通水平面往上延伸之小型堡狀的卷積雲（圖2・15）。每個堡的視角多半在一度以內，可以感受到雲層中大氣的不安定，讓人很想撫摸一下。

●絮狀卷積雲：Cirrocumulus floccus（Cc flo）

這種卷積雲每一雲個體都呈現絮狀（圖2・16），呈現絮狀的雲下端非常紊亂、不規則。絮狀的寬度多半是視角一度以內，這種雲是堡狀卷積雲發達之後的結果，雲底有時會顯得凌亂。

★波狀卷積雲：Cirrocumulus undulatus（Cc un）

呈現波狀（圖2・17），伴隨著大氣上層的大氣振動（**大氣波動**）而形成。當大氣波動的上升

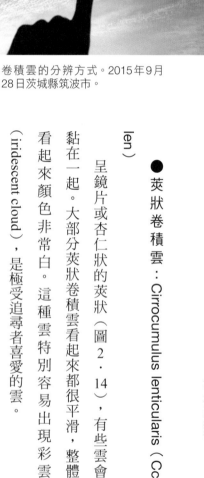

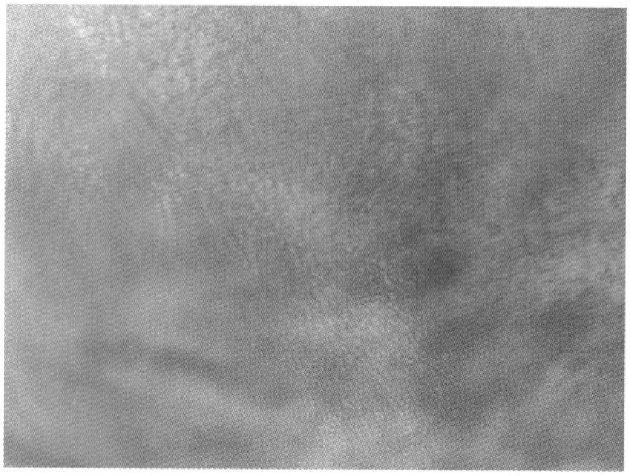

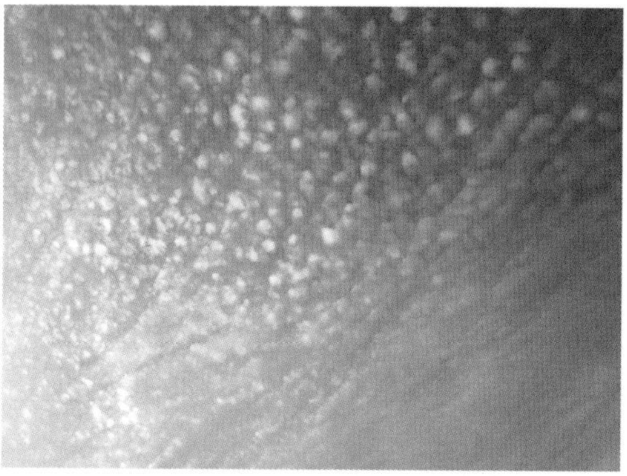

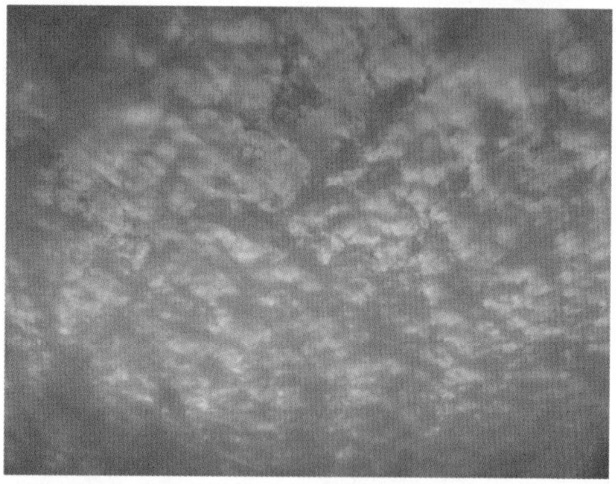

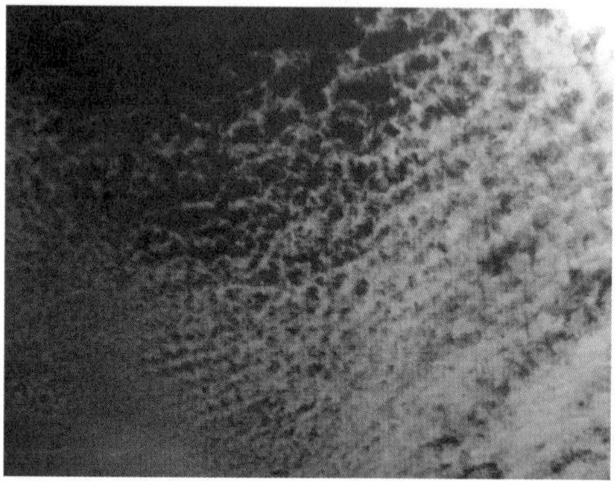

（上左）圖 2・13　層狀卷積雲。2015 年 9 月 28 日茨城縣筑波市。
（上右）圖 2・14　莢狀卷積雲。2016 年 10 月 27 日愛知縣名古屋市。
（中左）圖 2・15　堡狀卷積雲。2014 年 11 月 24 日茨城縣水海道市。
（中右）圖 2・16　絮狀卷積雲。2017 年 6 月 29 日茨城縣筑波市。
（下左）圖 2・17　波狀卷積雲。2015 年 9 月 28 日茨城縣筑波市。
（下右）圖 2・18　網狀卷積雲。2017 年 7 月 28 日茨城縣筑波市。

流域中有雲，在下降流域雲會消散，形成縫隙。呈波狀排列的模樣相當可愛。

★網狀卷積雲：Cirrocumulus lacunosus（Cc la）

呈斑狀、片狀、層狀分布，有著明顯圓洞（圖2・18，71頁），每一個體與其所形成的空間看起來就像網子或蜂巢，故得其名。

卷層雲是冰與光的魔術師

卷層雲（Cirrostratus，Cs）就像是覆蓋著天空的白色面紗狀雲，呈現纖維狀，非常光滑，俗稱薄雲。

卷層雲是冰晶形成的冰晶雲，冰晶折射或反射太陽或月亮的光時會產生名為「暈」（二十二度暈）的光圈（第三章第三節，141頁）。因為卷層雲非常薄，在晚上或有霧的時候，幾乎無法分辨，但可以透過暈的有無確認卷層雲的存在與否。太陽很高時（五十度以上），日照強烈，地面上的影子不會變淡，但是當太陽高度變低時，因太陽光難以通過，沒有明顯的影子，暈也不容易出現。

卷層雲會由形成卷雲的不同個體彼此附著、發生轉化，或是以卷積雲為衍生雲而形成。除此之外，也會因為高層雲變薄而發生轉化，或是由積雨雲的上部形成。卷層雲和高層雲在外觀上雖然很像，但高層雲不會出現暈，也比卷層雲厚，而且因位於中層，看起來移動得比較快，藉此可以加以區別。卷層雲有兩個雲類及兩個變型。

（上左）圖 2・19　纖維狀卷層雲。2017 年 2 月 14 日茨城縣筑波市。
（上右）圖 2・20　霧狀卷層雲。2017 年 3 月 23 日茨城縣筑波市。
（下左）圖 2・21　重疊卷層雲。2016 年 12 月 5 日茨城縣筑波市。
（下右）圖 2・22　波狀卷層雲。2016 年 11 月 25 日茨城縣筑波市。

●纖維狀卷層雲：Cirrostratus fibratus（Cs fib）

呈纖維質感的面紗狀，上面有著細細的條紋圖案（圖2・19）。這種雲有時會由纖維狀卷雲或密卷雲變化而成。

●霧狀卷層雲：Cirrostratus nebulosus（Cs neb）

沒有明顯特徵、看起來很像霧的面紗狀（圖2・20）。當這種雲的雲層變得很薄，或是每單位體積的雲粒個數（數濃度，number concentration）很少時，天空就會變得明亮，不容易看見雲。這個時候，可以透過暈的有無來判斷這種雲是否存在。

★重疊卷層雲：Cirrostratus duplicatus（Cs du）

由在高度上有著些微差距、呈層狀分布的卷層雲相互重疊而成。圖2・21（73頁）是霧狀卷層雲與纖維狀卷層雲所形成的重疊卷層雲。照片右上方可以清楚看見纖維狀卷層雲，霧狀卷層雲很薄，不是非常清楚，但是照片左上方出現卷積雲的地方也出現了暈，所以知道是很薄的霧狀卷層雲相互重疊。

★波狀卷層雲：Cirrostratus undulatus（Cs un）

呈現波狀（圖2・22，73頁），和其他波狀雲的差異，在於因波動而形成的雲帶和雲帶之間，雲並沒有消散，仔細一看，會發現薄薄的面紗狀雲。若特別注意圖片中出現暈的地方，可以發現不管是卷層雲的茂密部分（背景是卷積雲，前方是波狀卷層雲），還是其之間的天空，都可以看到暈的光線。

模樣千變萬化的高積雲

高積雲（Altocumulus，Ac）是白色或灰色的斑狀或層狀雲，屬於波狀或圓形塊狀的中層雲，被暱稱為綿羊雲、叢雲或斑點雲。雖然和卷積雲有點類似，但卷積雲是無法形成影子的白色雲，高積雲則會形成影子，且雲底大部分是灰色的；視角為一至五度，看起來比卷積雲大。高積雲幾乎都是由（過冷）雲滴形成的水雲，輪廓非常清楚，也經常出現華和彩雲等大氣光象。只有在後面章節會講到的堡狀高積雲和絮狀高積雲，在雪結晶成長之後會形成條狀的旛狀雲。在這種狀況下，因為落下了片狀的雪結晶，很容易發生幻日（sun dog）、日柱、月柱等冰粒子形成的大氣光象（第三章第三節，141頁、第三章第四節，156頁）。若形成高積雲的雲粒都是冰晶，雲的輪廓就會變得有點模糊。

高積雲在晴天時會自己形成，但也會因卷積雲變厚轉化而成，或是因層積雲的雲層往垂直方向分離轉化而成。此外，有時也會從高層雲或雨層雲轉化而成，或是因發達的積雲或部分積雨雲往水平方向蔓延而形成。

高積雲經常同時出現在各種不同的高度，也經常和其他十種雲屬一起出現。因為高積雲非常老實，容易受到大氣氣流的影響，一旦出現大氣波動、風切或對流，馬上就會形成波狀、卷滾狀、細胞狀。高積雲有五個雲類和七個變型。

●層狀高積雲：Altocumulus stratiformis（Ac str）

呈片狀或層狀分布，可能為分離或相黏（圖2・23，76頁），經常可見，會形成宛如綿羊群聚般的可愛模樣。

●莢狀高積雲：Altocumulus lenticularis（Ac len）

（上左）圖 2・23 層狀高積雲。2012 年 9 月 7 日茨城縣筑波市。
（上右）圖 2・24 莢狀高積雲。2012 年 12 月 14 日長野縣車山山頂，下平義明先生提供。
（下左）圖 2・25 莢狀高積雲。2014 年 10 月 26 日北海道札幌市，吉田史織先生提供。
（下右）圖 2・26 堡狀高積雲。2019 年 8 月 9 日茨城縣筑波市。

呈現鏡片或杏仁般形狀的莢狀高積雲（圖2・24、圖2・25）。輪廓非常清楚，有時會變得非常細長。形成莢狀的每一個體都很小，看起來像是集結成一團。呈現莢狀的雲在雲底有著非常清楚的影子。經常出現彩雲也是莢狀高積雲的特徵，是一種非常美麗的雲。

●堡狀高積雲：Altocumulus castellanus（Ac cas）

有著往垂直方向延

伸之堡狀（圖2・26）。這種雲的堡看起來呈線狀排列，或呈鋸齒狀，從側邊看起來隆起得非常高。堡狀高層雲和其他的堡狀雲一樣，可讓大氣層中的不穩定可視化。堡狀高積雲的塔有時會快速變大、成長，變成濃積雲或積雨雲。

●絮狀高積雲：Altocumulus floccus（Ac flo）

呈現小型簇絨狀（圖2・27，78頁）。一般來說，每一個體的絮狀下方都非常混亂，經常會出現冰晶旛狀雲。絮狀高積雲的絮狀部分和旛狀雲因為雲粒數濃度不同，所呈現的白色也不太一樣，可藉以區分。此外，冰晶旛狀雲從絮狀高積雲分離後會成為卷雲。因為絮狀高積雲會在堡狀高積雲發達並開始消散時出現，可知當時大氣層的不穩定。真想抓住它的尾巴。

●卷滾狀高積雲：Altocumulus volutus（Ac vol）

呈現孤立橫長狀的管狀雲塊，經常以水平軸為中心緩慢旋轉（圖2・28，78頁）。這種雲通常會單獨出現。因為是很罕見的雲，如果看到這種雲時，請馬上把它拍下來。

★透光高積雲：Altocumulus translucidus（Ac tr）

出現在莢狀、片狀、層狀高積雲中，大部分都是可以看透太陽或月亮的透明雲（圖2・29，78頁）。經常出現在層狀高積雲或莢狀高積雲中，是一種透明的雲。

★漏光高積雲：Altocumulus perlucidus（Ac pe）

出現在莢狀、片狀、層狀高積雲中，存在可以從雲與雲之間看到太陽、月亮、藍天和高層雲的

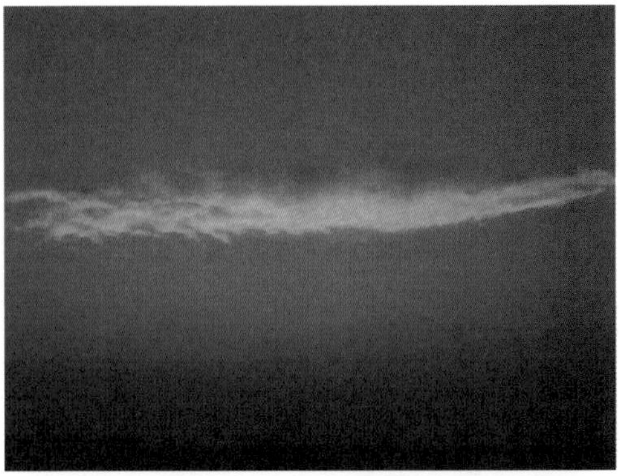

（上左）圖 2・27　絮狀高積雲。2015 年 9 月 20 日茨城縣筑波市。
（上右）圖 2・28　卷滾狀高積雲。2017 年 8 月 23 日茨城縣筑波市。
（下左）圖 2・29　透光高積雲。2016 年 11 月 16 日茨城縣筑波市。
（下右）圖 2・30　漏光高積雲。2015 年 4 月 22 日茨城縣筑波市。

隙縫（圖 2・30）。這種雲經常出現在層狀高積雲中。

★蔽光高積雲：Altocumulus opacus（Ac op）

也是呈莢狀、片狀、層狀，但大部分都是會把太陽或月亮完全遮蔽的不透明雲（圖 2・31）。這種雲的雲底很平坦，每一朵雲看似互相連結，多半會出現在層狀高積雲。可以想像這種雲的上方是什麼模樣。

（上左）圖 2・31 蔽光高積雲。2016 年 1 月 11 日茨城縣筑波市。
（上右）圖 2・32 重疊高積雲。2017 年 7 月 13 日茨城縣筑波市。
（下左）圖 2・33 波狀高積雲。2012 年 10 月 13 日千葉縣千葉市，木山秀哉先生提供。
（下右）圖 2・34 輻狀高積雲。2014 年 10 月 3 日茨城縣筑波市。

★重疊高積雲：Altocumulus duplicatus（Ac du）

是莢狀、片狀、層狀的高積雲相互重疊所形成（圖 2・32）。這種雲經常出現在層狀高積雲或莢狀高積雲中。

★波狀高積雲：Altocumulus undulatus（Ac un）

為細長且呈平行排列（圖 2・33）。相異於卷滾狀高積雲，這種雲是許多帶狀雲呈波浪般排列，雲之間的隙縫非常明顯。是經常可見的波狀雲之一，非常漂亮。

★輻狀高積雲：Altocumulus radiatus（Ac ra）

幾乎呈筆直平行排列的帶狀高積雲（圖2・34，79頁）。以透視的角度來看，彷彿朝向地平線的某一點消失。呈輻射狀的雲不管哪一朵感覺都像是一幅畫。

★網狀高積雲：Altocumulus lacunosus（Av la）

有著呈網狀或蜂巢狀隙縫的片狀、層狀、莢狀高積雲（圖2・35）。因為形狀馬上就會改變，看到時最好馬上拍下。

圖2・35　網狀高積雲。2012年9月27日茨城縣筑波市。

朦朧天空中的高層雲

高層雲（Altostratus，As）是帶有灰色或藍色的片狀或層狀雲，雖然有一部分狀如線條或呈現纖維質感，但就整體來說非常平均。大部分時候都會覆蓋大範圍的天空，這種雲出現時，看太陽就好像透過毛玻璃一般，有點朦朧，因此又稱為朧雲。高層雲中不會出現暈。

高層雲在溫帶氣旋接近時會大範圍出現。因為雲層非常厚，所以有各種不同的雲粒。在雲上部大部分都是冰晶，正中央附近則是冰晶、雪結晶和過冷雲滴的混合，下部則大都是過冷雲滴或雲滴所構成。太陽和月亮之所以會變得模糊、沒有清楚輪廓，乃是雲內的雲粒混合十分均勻之故。

這種雲是導致降雨或降雪的降水狀雲（praecipitatio）之一，有時會和旛狀雲或乳房狀雲（mamma）一起出現（第四章第三節，198頁）。在雲內部或雲底附近，經常可以看到雨或雪的降水粒子，這個時候，雲底的輪廓會變得很不清楚。高層雲有時會因為卷層雲變厚或雨層雲變薄轉化而成。因為高積雲而引起大範圍降水現象時，也會由高積雲衍生而成。因為這種雲的外表和構造特徵都非常平均，所以沒有雲類，但有以下五個變型。

★透光高層雲：Altostratus translucidus（As tr）

大部分是具高透明度，可知道太陽或月亮位置的高層雲（圖2．36，82頁）。又稱為朧雲，相當受日本先人喜愛。

★蔽光高層雲：Altostratus opacus（As op）

大部分都是十分不透明，會將太陽或月亮完全覆蓋（圖2．37，82頁）。這種雲會讓天空變得非常陰暗，讓人想入內一探。

★重疊高層雲：Altostratus duplicatus（As du）

由超過兩種在高度有些微差距的高層雲重疊而成（圖2．38，82頁）。高層雲本身的分布範圍會大到可以覆蓋整個天空，而且又非常均勻，所以很難確認。圖2．38是飛機在重疊高層雲的縫隙中飛行時，從飛機上拍攝的照片。

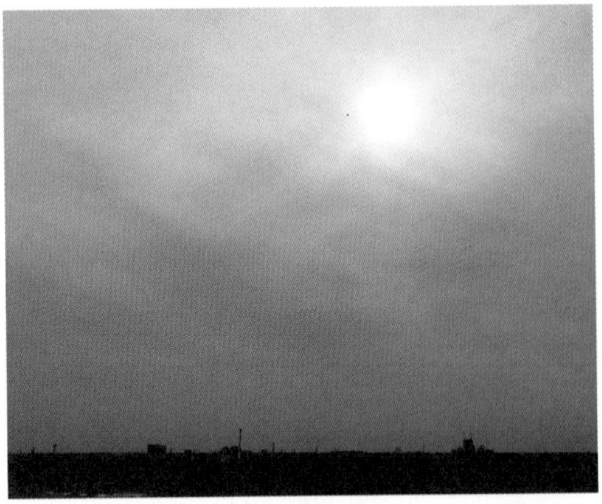

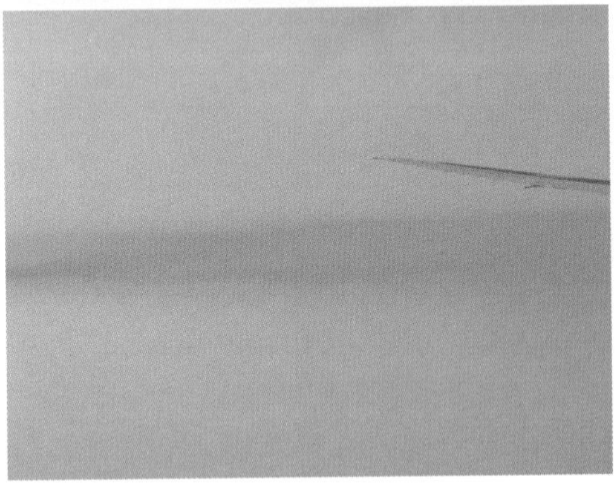

（左上）圖 2・36　透光高層雲。2016 年 3 月 30 日茨城縣筑波市。
（右上）圖 2・37　蔽光高層雲。2016 年 11 月 2 日茨城縣筑波市。
（左下）圖 2・38　重疊高層雲。2017 年 10 月 29 日東北地方上空。
（右下）圖 2・39　波狀高層雲。2016 年 11 月 2 日茨城縣筑波市。

★波狀高層雲：Altostratus undulatus（As un）

顧名思義，呈現波狀的高層雲就是波狀高層雲（圖 2・39）。如波浪般的雲底為其特徵，樸素的模樣相當受人喜愛。

★輻狀高層雲：Altostratus radiatus（As ra）

呈平行排列，宛如朝向地平線上的某一點聚集的帶狀高層雲（圖 2・40），平

（上）圖 2・40　輻狀高層雲。2016 年 3 月 23 日茨城縣筑波市。
（下）圖 2・41　雨層雲。2010 年 9 月 16 日千葉縣銚子市。

常較為罕見。

會帶來降雨的雨層雲

呈灰色或深灰色的雨層雲（Nimbostratus，Ns），是會引起降雨或降雪且雲底混亂的雲，又稱雨雲（rain cloud）或雪雲（snow cloud）（圖 2・41）。這種雲出現時，便完全看不到太陽。其特徵是雖然會帶來降水現象，但不會出現雷或冰雹。雨層雲由（過冷）雲滴、雨滴、雪結晶和雪片構成，因為非常濃厚，所以太陽光無法照射到地面，外觀看起來非常陰暗。雲底會造成降水，沒有清楚的輪廓。

這種雲會因高積雲、層積雲或高層雲變厚轉化而成，有時也會由造成降水的積雨雲或濃積雲衍生而成。因為雨層雲的下部空氣混亂，所以經常會出現後面章節會提到的副型之一破片狀雲

（pannus）。雨層雲雖然很容易和高層雲、層雲和層積雲混淆，但還是可以藉由高層雲比雨層雲明亮，可以看見太陽，以及地面降水的有無來加以區分。雖然層雲有時也會造成降水，但這個時候的降水粒子非常小。層積雲因雲底輪廓非常清楚，可藉以和雨層雲區分。雨層雲是十種雲屬中唯一沒有雲類與變型的雲。

讓天空陰沉灰暗的層積雲

層積雲（Stratocumulus，Sc）略帶灰色或白色，呈現莢狀或片狀分布。每一個體都有陰暗的部分，會形成馬賽克狀、圓形塊狀或卷滾狀，又稱畝雲或陰雲。這種雲大致呈規則排列，視角在五度以上。不會出現高積雲和卷積雲中可見的纖維質感旛狀雲。

因規則排列，層積雲外觀看似波狀雲。若每一個體彼此相連，雲底輪廓會變得光滑而清楚。幾乎所有層積雲都是由水滴形成，雲層不厚時，會出現華或彩雲等大氣光象。層積雲會引起輕微降水，但不會造成大規模降水。

層積雲經常會在晴天時單獨出現，有時也會因層雲或雨層雲內部的對流或大氣波動影響，轉化形成。此外，也會因為以雨層雲或高層雲底為衍生雲，這些雲底下的濕潤大氣層受到亂流或對流影響，和空氣加以混合，變得更加濕潤後形成。

當積雲或積雨雲內的上升氣流到達相當於平衡高度的穩定層，逐漸散開往水平方向蔓延，也會形成層積雲。層積雲有五個雲類和七個變型，模樣非常多變。

●層狀層積雲：Stratocumulus stratiformis（Sc str）

卷滾狀或大而偏圓，呈片狀、層狀分布（圖2・42，86頁）。大部分的雲都很平坦，是典型的層積雲。因為經常可見，請大家好好和它們相處。

●莢狀層積雲：Stratocumulus lenticularis（Sc len）

呈鏡片狀或杏仁狀的莢狀雲，擁有清楚的輪廓，大部分時候都會變得很長。每一個體在仰望從水平往上三十度的高空時，都擁有五度以上的視角，這些雲相互聚集，形成平滑且帶有陰暗部分的大型雲。莢狀層積雲有時會出現彩雲。這種雲非常罕見，當下層有大氣波動時就有機會看見（圖2・43，86頁）。莢狀層積雲和後面會介紹的卷滾狀層積雲在外觀上很類似，但卷滾狀層積雲會單獨出現，相對於此，莢狀層積雲多半會形成好幾條。看到這種雲時，麻煩請多拍幾張照片寄給我。

●堡狀層積雲：Stratocumulus castellanus（Sc cas）

有著往垂直方向延伸的堡，（圖2・44，86頁）。這種雲成長後，有時會衍生成濃積雲或積雨雲，是外型茂密且精神奕奕的孩子。

●絮狀層積雲：Stratocumulus floccus（Sc flo）

有著小簇絨、呈現積狀雲的層積雲（圖2・45，86頁）。每個絮狀下部通常都非常混亂，在極低溫的環境中，有時會出現由冰晶形成的旛狀雲。這種雲和其他絮狀雲一樣，是大氣不穩定的結

（左上）圖 2・42　層狀層積雲。2014 年 12 月 21 日茨城縣筑波山。
（右上）圖 2・43　莢狀層積雲。2016 年 5 月 22 日茨城縣海面，二村千津子先生提供。
（左下）圖 2・44　堡狀層積雲。2015 年 8 月 6 日茨城縣筑波市。
（右下）圖 2・45　絮狀層積雲。2013 年 4 月 25 日東京都，池田圭一先生提供。

果，由堡狀層積雲衰退而成。

●卷滾狀層積雲：Stratocumulus volutus（Sc vol）

為往水平方向長長延伸的管狀層積雲，以水平軸為中心旋轉（圖2・46）。卷滾狀層積雲通常會單獨形成，當下層雲形成條狀時，就可以觀測到。一般來說，這種雲非常罕見，但在日本關東地區的海洋或是被山脈包圍的

圖2・46　卷滾狀層積雲。2015年4月9日從茨城縣筑波市朝向西方的全景攝影。

平原，很容易出現局部性鋒面（第四章第四節，214頁），此時可以看到。

★透光層積雲：Stratocumulus translucidus（Sc tr）

呈莢狀、片狀、層狀分布且不是太濃密（圖2・47、89頁），大部分都具有可以看到太陽與月亮位置的透明度，以肉眼就可以看到天空的藍色部分和每一朵雲彼此相連。

★漏光層積雲：Stratocumulus perlucidus（Sc pe）

也是呈莢狀、片狀、層狀分布，但雲間有著空隙，可以看見太陽、月亮、藍天和中高層的雲（圖2・48，89頁），讓人很想進入雲間縫隙中。

★蔽光層積雲：Stratocumulus opacus（Sc op）

為大型陰暗卷滾狀或偏圓的塊狀雲，大致呈連續性的片狀或層狀分布的濃厚層積雲（圖2・49，89頁）。大部分的雲都不透明，可以遮蓋太陽或月亮。這種雲的雲底平坦，看似彼此相連。

★重疊層積雲：Stratocumulus duplicatus（Sc du）

由兩朵以上的莢狀、片狀、層狀層積雲往水平方向延伸、重疊所形成（圖2・50）。會伴隨著層狀層積雲或莢狀層積雲一起出現。

★波狀層積雲：Stratocumulus undulatus（Sc un）

巨大且呈現灰色，所有的雲幾乎都呈平行排列（圖2・51），當下層的大氣波動宛如成直角般重疊，有的時候可以看見兩層的波狀層積雲。經常出現在層狀層積雲中，讓人很想知道波動的成因。

★輻狀層積雲：Stratocumulus radiatus（Sc ra）

以透視的角度來看，輻狀層積雲宛如聚集在地平線上的某一點，是幾乎呈現水平排列的帶狀層積雲（圖2・52）。它的模樣和後面章節會介紹的輻狀積雲很類似，但輻狀積雲的每一個體各自獨立，輻狀層積雲則是彼此相連，由這一點可區分兩者。這種雲也會出現在層狀層積雲中。

★網狀層積雲：Stratocumulus lacunosus（Sc la）

呈片狀、層狀或莢狀，有著規則的圓洞，形成網狀或蜂巢狀（圖2・53，91頁）。因為每一個體的視角均為五度以上，若不看整片天空，就難以用肉眼確認網狀。若以衛星觀測，會變成海洋上呈網狀分布的開放胞（第四章第二節，183頁）。這種雲會在其他層積雲消散時出現，並隨著時間產生很大的變化。因為模樣馬上就會改變，若看到很像網狀層積雲的雲請馬上拍下來。

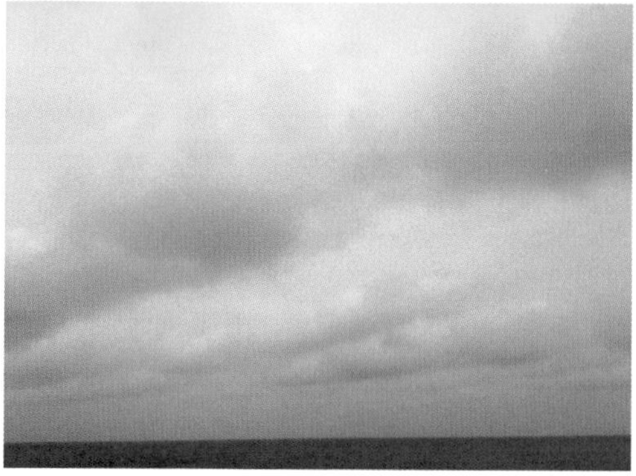

（上左）圖 2・47　透光層積雲。2014 年 12 月 25 日茨城縣筑波市。
（上右）圖 2・48　漏光層積雲。2015 年 12 月 27 日茨城縣筑波市。
（中左）圖 2・49　蔽光層積雲。2015 年 3 月 8 日茨城縣筑波市。
（中右）圖 2・50　重疊層積雲。2017 年 8 月 2 日茨城縣筑波市。
（下左）圖 2・51　波狀層積雲。2013 年 9 月 22 日茨城縣大洗町。
（下右）圖 2・52　輻狀層積雲。2017 年 9 月 14 日茨城縣筑波市。

彷彿伸手可及的層雲

層雲（Stratus，St）是擁有均勻雲底的灰色層狀雲。一般來說，不會造成降水，就算降水也只是霧雨或是小水滴、冰晶所形成的極微弱降水。這種雲在快速變化時會呈現不規則莢狀，或伴隨著破片狀雲。可以透過雲看見太陽時，能清楚確認太陽的輪廓，有時也會出現華（第三章第二節，128頁）。這種雲由均勻的水滴形成，在極低溫的環境中，若冰晶形成層雲時，有時會出現暈。

層雲和地面接觸的部分稱為霧，兩者具有相同的雲物理性質。因此，當上層的霧上升，和地面接觸的下部雲滴蒸發之後，很容易就會出現層雲。層雲經常和霧一起出現，很容易在晚上或早上看到。層雲有時也會因為層積雲下部墜落，失去清楚輪廓轉化形成。

層雲很容易和層積雲及雨層雲混淆，但層積雲的雲底輪廓非常清晰，此外雨層雲的顏色較深，會伴隨著某種程度的降水，可藉由這些特點來加以區分。難以分辨時，也可透過風勢判斷，地面附近的風較強就是雨層雲，沒那麼強就是層雲。層雲有兩個雲類和三個變型。

●霧狀層雲：Stratus nebulosus（St neb）

顧名思義，霧狀層雲呈霧狀，灰色且樣貌平均（圖2・54），屬常見的層雲，讓人很想進入其中暢快呼吸。

●碎層雲：Stratus fractus（St fra）

呈不規則碎片（圖2・55，92頁），這種雲會在雨層雲和積雨雲的雲底下，伴隨著降水出

（上）圖2・53　網狀層積雲。2017年9月19日茨城縣筑波市。
（下）圖2・54　霧狀層雲。2017年8月18日長野縣飯山市，中井專人先生提供。

現，且模樣會不斷改變。凝視著這種雲，總會讓人感到世事無常。

★蔽光層雲：Stratus opacus（St op）

是呈莢狀、片狀、層狀的層雲中，可以完全遮蔽太陽或月亮的不透明層雲（圖2・56，92頁），在所有變型中最受歡迎。

★透光層雲：Stratus translucidus（St tr）

（左上）圖 2・55　碎層雲。2012 年 12 月 4 日茨城縣筑波市。
（右上）圖 2・56　蔽光層雲。2010 年 5 月 21 日千葉縣銚子市。
（左下）圖 2・57　透光層雲。2016 年 5 月 18 日茨城縣筑波市。
（右下）圖 2・58　波狀層雲。2016 年 6 月 7 日茨城縣筑波市。

也是呈莢狀、片狀、層狀，大部分都擁有可以用肉眼確認太陽或月亮輪廓的透明度（圖 2・57），是可以呈現出夢幻景色的雲。

★波狀層雲：Stratus undulatus（St un）

為出現在莢狀、片狀、層狀的層雲中，呈現波狀的雲（圖 2・58）。可以將層雲所在的大氣下層之波動可視化，是非常罕見的雲種。

讓人想吃一口的積雲

一般來說，積雲（Cumulus，Cu）是長相濃密、有著非纖維質感、輪廓清楚的茂密低雲，每一朵雲皆各自獨立。上方長得像花椰菜，被太陽光照射的部分會閃耀著白色亮光，雲底較暗，幾乎呈現水平。

這種雲所帶來的降水宛如淋浴一般，稱為**驟雨**。基本上茂密的雲上部會呈現山丘、圓頂和塔狀，若風勢很強，雲頂附近就會變得凌亂、細碎，有的時候，雲也會呈現一排一排，形成雲街（cloud street）。這種雲由密度較低的水滴形成，隨著氣溫的變化，有時也含有過冷雲滴。當雨滴在雲內成長之後，便會出現降水狀雲或旛狀雲。

大部分時候，積雲會在晴天時，因含有水蒸氣的空氣藉由對流跨越舉升凝結高度而單獨形成。因此，逐日變化會對這種雲的形成造成很大影響，在熱對流旺盛的午後，會往水平方向蔓延，也會朝垂直方向成長。積雲因為外型而被暱稱為棉花雲，在晴天形成的雲稱為**晴天積雲**（fair-weather cumulus），相當受到喜愛。

相較於雲底，每一朵雲可以成長到什麼程度，和上空的穩定層與逆溫層有密切關係，而成長的高度就是平衡高度（雲頂高度）。有時因對流變強，會從層雲或層積雲轉化而來，或是以高積雲或

（左）圖2・59　淡積雲。2016年7月30日茨城縣筑波市。
（右）圖2・60　中度積雲。2017年7月1日沖繩縣八重山郡竹富町，穗川果音先生提供。

層積雲為衍生雲而形成。

當積雲非常發達時，會被分類為積雨雲，尚未發展成積雨雲的積雲，稱為濃積雲。

積雲和長得很像的高積雲可以透過雲的大小來區分，和層積雲則可透過每一朵雲是否彼此獨立來區分。這種雲的特徵是對流性很強、上升氣流也很強，所以會穿過位於上空的層狀雲，或是呈現部分融合。積雲有四個雲類和一個變型。

●淡積雲：Cumulus humilis（Cu hum）

會往垂直方向微微延伸，看似平坦（圖2・59）。這種雲的上部有著穩定層，因此無法繼續成長而變得平坦。這種雲不會造成降水，是穩重而可愛的雲。

●中度積雲：Cumulus mediocris（Cu med）

會往垂直方向呈中等程度的發展，頭部隆起，宛如冒出芽一般（圖2・60）。一般來說，這種雲不會造成降水，可以欣賞其綿密外型，也因為長得很像棉花糖，讓人

圖2・61　濃積雲。2017年5月18日茨城縣筑波市。

很想一口咬下。

●濃積雲：Cumulus congestus（Cu con）

會往高空延伸，有著清晰的輪廓（圖2・61），日文俗稱為入道雲，雲頂附近呈花椰菜狀。濃積雲是會引起驟雨或降雪的雲，在熱帶區域有時會帶來大量降水。和雷或冰雹一起出現也是其特徵之一。

雲頂附近的雲有時會因為被上空的風吹動而離開本體，形成旛狀雲。幾乎所有濃積雲都是由中度積雲發展而成，但有時也會由堡狀高積雲或堡狀層積雲形成。

●碎積雲：Cumulus fractus（Cu fra）

為呈現凌亂碎片狀的小型積雲（圖2・62，96頁）。和碎層雲一樣，會隨著時間出現巨大變化，模樣會不斷改變，非常讓人崇拜。

★輻狀積雲：Cumulus radiatus（Cu ra）

是由幾乎與下層風方向平行的中度積雲所形成，也稱為雲街（圖2・63，96頁）。若以透視法觀察，會呈現輻射狀，看似朝向地平線上的某一點聚集，宛如畫作一般。

（左）圖 2・62　碎積雲。2016 年 8 月 16 日茨城縣筑波市。
（右）圖 2・63　輻狀積雲。2017 年 9 月 11 日沖繩縣那霸市。

會帶來暴風雨的積雨雲

積雨雲（Cumulonimbus，Cb）厚重而濃密，會如山或巨塔般往上發展。雲頂大致平坦，但至少有一部分會呈現平滑的羽毛狀或線狀。因為這個平坦的部分很類似打鐵用的「鐵砧」，所以又稱**砧狀雲**（incus，副型雲之一）或砧雲。雲底非常暗，會頻繁出現旛狀雲、降水狀雲或破片狀雲。

積雨雲會造成驟雨型的降水，並伴隨著雷活動，故又稱雷雲，是會帶來暴風雨的典型雲類（第四章第三節，198頁）。在雲內，水滴、大量過冷雲滴和冰晶相互混合，雲上部則幾乎都是高密度的冰晶。因為冰晶降落的速度很慢，會隨著上空的風流動，因此讓雲上部形成羽毛狀（圖2・64）。雲內也會形成雪片、霰、冰雹。積雨雲多半由濃積雲發展而成，但有時則是從堡狀層積雲或堡狀高積雲，經過濃積雲這個過渡階段而形成。由堡狀高積雲形成的積雨雲雲底高度會變高。

圖2・64　積雨雲上部呈現羽毛狀模樣。2013年8月20日茨城縣筑波市。

這種雲只會出現於大氣狀態不穩定時，很容易出現在因地面氣溫上升讓不穩定更加明顯的午後。此外，有著大量下層水氣的低緯度地區愈容易出現積雨雲，緯度愈高愈不容易形成。很多積雨雲會發展到對流層頂，扮演各種雲的衍生雲。這種雲是龍捲風的形成原因，也會和漏斗雲（tuba）一起出現。

●禿積雨雲：Cumulonimbus calvus（Cb cal）

雲頂隆起呈現平坦，沒有纖維狀、羽毛狀等特徵的白色塊狀積雨雲（圖2・65，99頁）。雖然沒有如卷雲般的平滑特徵，但在雲的內部，水滴會快速凍結成冰晶。

光看外表，很難與濃積雲區別。因此在習慣上，若有雷活動或降雹便是禿積雨雲，否則便是濃積雲。若看到外型類似的雲可以仔細觀察、凝神傾聽，確認是否有伴隨著雷活動出現的光線或聲音。

●**髮狀積雨雲：Cumulonimbus capillatus（Cb cap）**

在雲的上部明顯呈現纖維狀或羽毛狀，會和砧狀雲，或呈柱形、毛邊塊狀的雲一起出現（圖2・66）。這種雲是會造成暴風雨的典型雲類，雲底會出現清晰的旛狀雲或降水狀雲。

2・3特種雲

雲的副型及附屬雲

除了十種雲屬、雲類與變型，還有**副型**（Supplementary features）和伴隨著主要雲狀出現的**附屬雲**（Accessory clouds）等分類方式（表2・3，100頁）。

雲的副型包括砧狀雲、乳房狀雲、旛狀雲、穿洞雲、海浪雲、糙面雲、降水狀雲、弧狀雲、牆雲、漏斗雲、尾雲十一種。附屬雲則包括幞狀雲、雲幔、破片狀雲、海狸尾雲四種。砧狀雲、乳房狀雲、旛狀雲將在第四章進行詳細介紹。

因火焰而形成的火積雲

雲中也有因為特定的自然或人為因素而形成的特種雲（表2・3），火積雲（flamma）便是其中之一。

（上）圖 2・65　禿積雨雲。2017 年 6 月 16 日茨城縣筑波市。
（下）圖 2・66　髮狀積雨雲。2012 年 8 月 21 日富士山。

表2・3 雲的副型、附屬雲和特種雲一覽，以及與十種雲屬的對應

種類	名稱	Ci	Cc	Cs	Ac	As	Ns	Sc	St	Cu	Cb
副型（Supplementary features）	砧狀雲：Incus（Inc）										●
	乳房狀雲：Mamma（mam）	●	●		●	●		●			●
	旛狀雲：Virga（vir）		●		●	●	●	●		●	●
	穿洞雲：Cavum（cav）		●		●			●			
	海浪雲：Fluctus（flu）	●			●			●	●	●	
	糙面雲：Asperitas（asp）				●			●			
	降水狀雲：Praecipitatio（pra）					●	●	●	●	●	●
	弧狀雲：Arcus（arc）									●	●
	牆雲：Murus（mur）										●
	漏斗雲：Tuba（tub）									●	●
	尾雲：Cauda（cau）										●
附屬雲（Accessory clouds）	幞狀雲：Pileus（pil）									●	●
	雲幔：Velum（vel）									●	●
	破片狀雲：Pannus（pan）					●	●			●	●
	海狸尾雲：Flumen（flm）										●
特種雲	火積雲：Flamma									●	●
	人為生成雲：Homo								●	●	●
	瀑布雲：Cataracta								●	●	
	森林雲：Silva								●		

出處：國際雲圖（世界氣象組織，2017 年版）

火積雲是伴隨著森林火災或火山爆發等自然發生的熱源，所形成的局部發展的雲。火積雲至少有一部分是由水滴構成，會扮演衍生雲，形成中度積雲、濃積雲和積雨雲。

二〇一四年九月二十七日，御嶽山爆發時，在蔓延於下層的層積雲中，由火積雲衍生的濃積雲往上竄升至山脈的高空（圖2・67）。火山爆發或森林火災等都非常危險，而且透過衛星觀測也可以確認火積雲（第五章第一節，248頁），如果真的很想見識一下，最好透過畫面來看就好。

圖2・67　隨著御嶽山爆發而形成的火積雲。2014年9月27日，塩田美奈子小姐提供。

因人類活動而形成的雲

有的時候，雲會因為人類的活動而形成，凝結尾（contrail）就是其中的代表。凝結尾會因為上空的水氣含量而長時間存在，扮演衍生雲、轉化雲，形成卷雲（第四章第二節，183頁）。在本書中，像這樣明顯因為人類活動而形成的雲稱為**人為生成雲**（homo）。

人為生成雲也包含因發電廠或工廠廢氣而形成，呈現如積狀雲。圖2・68（103頁）所顯示的中度積雲稱為人為衍生中度積雲，有時也稱為Fumulus（縞狀雲）（煙〔Fumu〕加上積雲〔Cumulus〕）。

若從衛星眺望雲層，可以看到在海上呈直線或鋸齒狀延伸的低雲（圖圖2．69）。雲會隨著船航行的痕跡而形成，故稱航跡雲，它們是由船隻排出的廢氣扮演雲凝結核所形成的雲。

為了生存，人類必須有所活動，但這些活動卻可能對地球環境造成影響。聯合國政府間氣候變化專門委員會（IPCC：Intergovernmental Panel on Climate Change）所提出的地球暖化科學根據之相關意見彙整於第五次報告書。根據這份報告書，我們發現從一八八〇年到二〇一二年，世界平均氣溫上升了〇．八五℃，很明顯的，地球正在暖化。而且我們知道，地球暖化的原因極可能（九五％以上）是人為產生的溫室效應氣體，其中以二氧化碳和甲烷為主。此外，會對地球暖化造成影響的因素，還包括人為產生的氣膠所引發的直接與間接效應（雲的變質）。若想擬定地球暖化對策，必須根據科學原理掌握真正的原因，但人為產生氣膠的影響仍有極大不確定性，特別是對雲所造成的影響，目前它被認為有減緩地球暖化的作用，但影響程度誤差很大，我們必須針對氣膠如何影響雲之形成，以及它們透過雲造成的暖化到底有何助益進行驗證。

近幾年，伴隨著地球暖化而出現的集中豪雨，以及地球暖化對颱風造成的影響，不斷引起大眾討論。伴隨著地球暖化而造成的東海海面水溫上升，讓大氣下層的水氣量不斷增加，因此，未來日本九州梅雨季末期的豪雨所帶來的降水量也會增加。另一方面，雖然因為地球暖化，颱風形成的次數減少了，但強烈颱風的比例卻提高，颱風帶來的降水增加，強風範圍也擴大了。

人類活動會透過氣膠和雲，對造成降水和災害的大氣現象造成影響。在了解這些科學現象、針

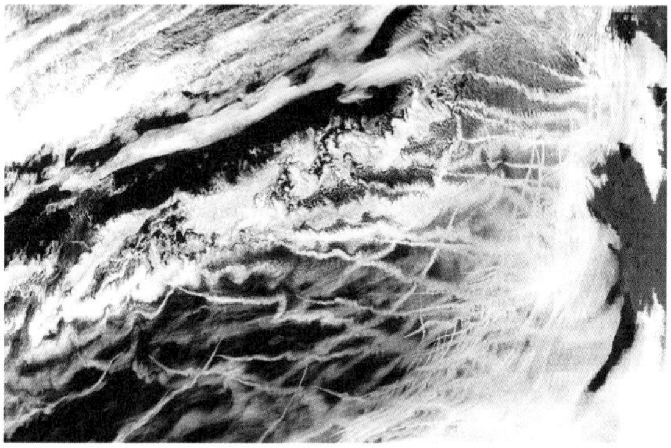

（上）圖2・68　從煙囪冒出的煙上所形成的人為生成雲。2017年6月27日新潟縣新潟市，藤野丈志先生提供。

（下）圖2・69　出現於2003年1月27日茨城縣海面的低雲。NASA EOSDIS worldview 的 Aqua 衛星所拍攝之可視影像。

對地球環境積極思考的同時，我們也必須再次確認，自己是否已經針對這些氣象災害做好準備。

出現在瀑布上的雲

一說到瀑布，就讓人想起它是觀看彩虹的最佳景點。光是凝視著壯闊的瀑布就足以洗滌心靈，若是能夠看到橫跨在瀑布上的彩虹，那更是舒暢萬分。事實上，瀑布的精彩之處不僅於此。

我們可以在瀑布看見**瀑布雲**（cataracta）。這是從瀑布落下的水呈霧狀向上揚起時，在局部區域形成的雲。從大型瀑布落下的水往下拖曳的力道會形成下降氣流，因此在局部區域會出現上升氣流來補償（補償流，compensation current），如此便會隨著上升氣流形成積雲或層雲。在被大規模瀑布包圍的地區，伴隨著落下的水所形成的下降氣流會彼此撞擊，強化上升氣流（圖2・70）。瀑布、彩虹，再加上瀑布雲，絕對是一幅無與倫比的美景。

日本的知名瀑布景點也會出現瀑布雲，有機會造訪瀑布時，不妨試著尋找它的蹤影。

出現在森林中的雲

仔細觀察森林，有時會發現宛如蒸氣般的雲（圖2・71）。這種出現在森林中的雲稱為森林雲（silva）。森林地區的氣候和大海或沙漠不同，海上沒有障礙物，風很容易流動，但在森林中因為有樹木，所以風不是那麼容易流動。此外，它們變熱或變冷的難易程度也不一樣。

在森林或有著許多建築物的都市地區，地面附近會形成特有的**樹冠層**。樹冠層為天蓋之意，像蓋子一般將森林和都市蓋住。在森林的樹冠層中，雨會附著在樹葉或樹幹上，降雨後很容易蒸發，而且行光合作用時，水也會從打開的樹葉氣孔蒸發。森林樹冠層中的水氣含量增加時，會形成雲核，這時形成的層雲便是森林雲。

特別是在樹木生長相當茂盛的山地，我們可以看到因受地形影響（第四章第一節，174頁）所產生明顯不同的層雲。這些雲穩重又可愛，欣賞的同時，大家不妨也想像一下它們的形成過程。

（上）圖 2・70　瀑布雲。2015 年 7 月 22 日伊瓜蘇瀑布。關根久子小姐提供。
（下）圖 2・71　森林雲。2013 年 8 月 6 日東京都奧多摩町。

2・4高層大氣中的雲

貝母雲的虹色光

有些雲形成於比對流層更高的高層大氣中，貝母雲（mother of pearl clouds）便是其中之一（圖2・72）。

貝母雲是在冬天的高緯度地區或極地上空二十至三十公里的平流層形成的雲。因閃耀著和真珠母貝（凹珠母蛤，藉以養殖真珠之母貝）內側一樣的虹色光亮故而其名，它的學名是極地平流層雲（polar stratospheri cloud）。貝母雲的虹色在甫日落時最為鮮豔，相較於在對流層的雲所形成的彩雲（第三章第二節，128頁），會展現出規模更大的虹色。在日落後約兩小時之內，可以看到它們在接受太陽照射時，閃耀著動人光彩的模樣。

在冬天的極地，白天也會出現太陽光照不到的極夜，在上空，平流層會形成**極地渦旋**（polar vortex），讓平流層的大氣進而獨立出來，然後極地渦旋內部便會因為輻射冷卻而低溫化，在零下七、八℃的環境下形成貝母雲。形成母貝雲的雲滴是非球形的硝酸水合物（特別是硝酸三水合物）、球形的過冷卻硫酸－硝酸－水三成分液滴，以及由水形成的冰晶。其中，特別是球形雲粒會繞射太陽光，形成虹色。母貝雲會在平流層內的大氣波動（重力波gravity wave，和相對論的重力波gravitational wave不同）上形成莢狀，雲粒的粒徑變得一致，形成大規模的虹色。對雲滴的成核

圖 2・72　貝母雲。2017 年 1 月 17 日南極昭和基地，藤原宏章先生提供。

作用而言，伴隨著火山爆發抵達平流層的硫酸鹽粒子非常重要

美麗的貝母雲也和臭氧層的破壞有關。從地面釋放出的氯氟烴，在平流層內受到紫外線的照射後分解，產生氯原子，並立刻形成氯化氫和硝酸氯，在平流層中飄流。它們雖然不會破壞臭氧層，但貝母雲形成後，雲滴表面會形成氯氣。冬天時，氯氣會在極地平流層內不斷累積。到了春天，太陽光開始照射到極地，在紫外線的照射下，氯氣會被分解成破壞臭氧層的氯原子。由此可見，貝母雲與南極的臭氧洞有關，現在已經成為研究對象。

在夜空中閃耀的夜光雲

在地球最高的天空形成的雲為夜光雲（noctilucent clouds）（圖 2・73，109 頁）。夜光雲形成於中氣層頂附近，在夏天高緯度地區的日出前或日落後可以

觀測到。夜光雲長得很像卷雲，是會呈現出面紗狀、帶狀、波狀、環狀等各種形狀的銀色或藍色美麗雲朵。因夜晚時會發出亮光，故稱夜光雲。

在夏天高緯度地區的上空，中氣層頂附近的溫度低於零下一二〇℃，是地球大氣溫度最低的地方。夜光雲會在高七十五至八十公里、溫度極低的高層大氣中形成。形成夜光雲的雲滴是水所形成的冰晶，這些冰晶是伴隨著流星出現的礦物、煙粒子，以及氫離子與水分子結合的大量離子所形成冰晶核。

夜光雲大多出現在緯度五十至六十五度的地區，二〇一五年六月二十一日日本首度在北海道（緯度四十三至四十五度）觀測到夜光雲（圖２・74，110頁）。觀測時刻是凌晨兩點多，位置是高度約八十四公里的空中。在緯度低於四十五度的地區極不容易觀測到夜光雲，有人認為，伴隨著溫室效應所出現的平流層氣溫上升溫與中氣層氣溫下降，可能是低緯度地區出現夜光雲的原因。

與太空連結的火箭雲

夜光雲是高緯度地區特有的雲，若想前往一探需耗費相當心力。事實上，在日本也可以看到夜光雲，那就是火箭雲。

二〇一七年一月二十四日太陽剛下山時，在關東地區以西的太平洋岸曾觀測到大範圍的夜光雲（圖２・75，110頁）。

圖 2・73　夜光雲。2009 年 7 月 21 日芬蘭，賈瑞・盧歐馬內（Jari Luomanen）先生提供。

事實上，這一天的下午四點四十四分，鹿兒島縣的種子島宇宙中心發射了 **H-II A** 火箭，當時就是以火箭排放的煙霧為核心，形成了人為生成的夜光雲。之前，火箭在同一時段、以同樣的軌跡發射時也可以看到夜光雲。

因為夜光雲在太陽剛下山時較容易進行觀測，所以若想看到火箭雲，必須滿足在傍晚時發射火箭、對流層內沒有太多雲，以及發射火箭的軌道是容易從觀測地看到的路線等條件。若路燈的光線太強就不容易看到，因此在路燈很少的沿海地區等待機會較大。

近年，只要利用智慧型手機，很容易就可以拍下大氣現象，並分享到社群媒體。火箭雲是觀測方法比較少的高層大氣

（上）圖 2・74　夜光雲。2015 年 6 月 21 日凌晨 2 點 15 分北海道紋別市，藤吉康志先生提供。
（下）圖 2・75　火箭（H-IIA）所形成的夜光雲。2017 年 1 月 24 日茨城縣筑波市，岩淵志學先生提供。

現象，只要追蹤雲在不同時間的形狀變化，就可以了解中氣層的大氣重力波等實際狀態。若大家看到罕見的雲，懇請多拍幾張照片寄給我。

第3章

美麗的雲和天空

解說影片　影片資料

3・1 大氣形成的色彩

光的特徵

雲和天空會創造出雨後天晴的彩虹，以及朝霞和晚霞等令人感動的景色。這些由光、大氣、雲、降水粒子等形成的天空色彩，稱為**大氣光象**。在第三章，我們要深入了解如光之魔法般美麗雲朵和天空的變化。

為了了解天空之光的魔法，首先我們要複習一下光的特性。太陽光由各種波長的電磁波重疊而成，其中包含波長較短的紫外線、可見光和紅外線。

其中，**可見光**是我們可以辨識的光線，如果把可見光想成波，波的振幅就是光的明亮程度，光的顏色則會隨著波長而變化（圖3・1）。

可見光的波長由短至長分別會呈現出紫、藍、綠、黃、橙、紅，而它們發生**折射**的難易程度也如上述順序。本書仿照「理科年表」（日本國立天文台編，丸善出版）將其區分成六個顏色，區分成七個顏色的虹色是在紫色和藍色之間，加入了靛色。

一般來說，可見光也是由各種波長的光互相重疊，所以在我們看來是白色的。但是因為折射率會隨著波長而有所不同，當光線通過會折射光線的透明玻璃等多面体（稜鏡）時，就會把不同波長的光線分開（**分光**），呈現出美麗的虹色。

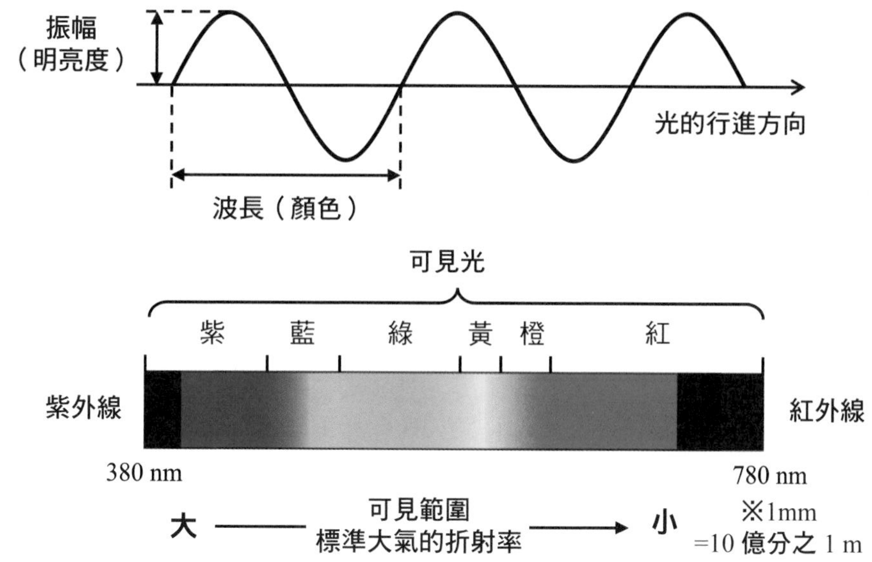
振幅
（明亮度）
光的行進方向
波長（顏色）
可見光
紫
藍
綠
黃
橙
紅
紫外線
紅外線
380 nm
780 nm
大
可見範圍
標準大氣的折射率
小
※1mm
=10億分之1 m

圖3・1　可見光的波長、顏色與明亮度的關係。

當光射向天空時，那道光會和大氣分子、大氣中的氣膠、雲、降水粒子相遇。因此，除了折射外，還會發生散射、反射、繞射，或是光的前進方向改變、分光等各式各樣的大氣光象（表3・1，114頁）。現在就讓我們來理解這些現象是如何進行的。

是什麼決定了雲和天空的顏色

晴朗無雲的藍天總是會讓我們的心情也跟著舒暢起來，當天空飄著純白色的晴天積雲時，那種感覺更是美好。從淡積雲發展為中度積雲時，雲底的灰色會變得更加明顯。因為上空也會出現層狀雲，當太陽被遮住時，所有積雲都會變暗（圖3・2，115頁）。

光的**散射**會對這些雲的顏色造成影響。所謂散射，指的是光撞上粒子，改變了行進的方

表3・1不同原因所造成的大氣光象一覽表

主要原因	現象
大氣・氣膠造成的瑞利散射	藍天、朝霞、晚霞
因雲粒等造成的米氏散射	雲的白色、曙暮光、反曙暮光
大氣造成的折射	綠閃光、蜃景
水滴造成的折射・反射	彩虹整體（主虹、副虹、複虹、反射虹、白虹）
水滴造成的繞射	彩雲、光環、華
冰晶造成的折射	22度暈、48度暈、環天頂弧、環地平弧、22度幻日、上正切暈弧、下正切弧、外暈、上側正切弧、外側暈弧、巴萊弧
冰晶造成的反射	日柱、光柱、幻日環、下幻日、偕日弧
冰晶造成的折射・反射	120度幻日、羅氏弧、反日弧、下日弧、映向日弧

向。隨著所碰上粒子的大小，光散射的特性也會跟著改變。當光撞上對光的波長來說非常大、半徑約〇・一公釐以上的雨滴時，光會被雨滴表面反射，或是進入雨滴內，進行折射、反射，然後再離開雨滴。這種散射稱為**幾何散射**，散射的方向會隨著所撞擊粒子的形狀而改變。

當可見光撞上與自己波長一樣，或是稍微大一點的雲滴或氣膠時，不管是何種波長，都會進行**米氏散射**（Mie scattering）。當太陽光射入雲內時，便會發生米氏散射，我們會看到由各種顏色的光重疊而成的白光，這就是雲之所以是白色的原因。當上空有雲，照射到下層雲的太陽光因而變弱，或是因無數的雲滴，光線在雲內進行米氏散射而變弱時，雲的顏色就會變暗。這也是為什麼中下層呈積狀雲或層狀雲的雲，雲底是暗的。

當可見光碰上遠比自己波長還要小的空氣分子或氣膠時，便會出現波長愈短，散射愈強的**瑞利散射**（Rayleigh scattering）。此種散射光的強度會和入射光波長的四次方

圖3·2　白色的雲和灰色的雲。2016年8月1日茨城縣筑波市。

成反比，也就是相較於紅色光，波長大約只有一半的紫色光（圖3·1，113頁）的散射光強度會是紅色光的十六倍。當可見光射入地球的大氣層，白天時紫色光會先在大氣上部被散射，接著波長較短的藍光會在大氣中被散射（圖3·3，116頁）。因為這種藍色光會遍布空中，再到達我們的眼睛，所以白天的天空看起來是藍色的。其他的光不太容易被散射，會直接照射到地面，所以白天的太陽光看起來是白色的。

在太陽高度較低的早晨或傍晚，可見光經過的大氣層距離會變長，這麼一來，波長較短的顏色全部都會被散射，剩下波長較長的紅光滿布天空。朝霞或晚霞的天空便是可見光經過一番散射之後，最後呈現在我們眼前的。紅綠燈之所以用紅色代表「止步」，便是因為相較於其他顏色的光，紅光比較不容易受到散射的影響，可以照射到很遠的地方這個科學原理。

順帶一提，大海之所以是藍的，主要是因為水吸收了波長較長的紅色光。除了受到海面反射天

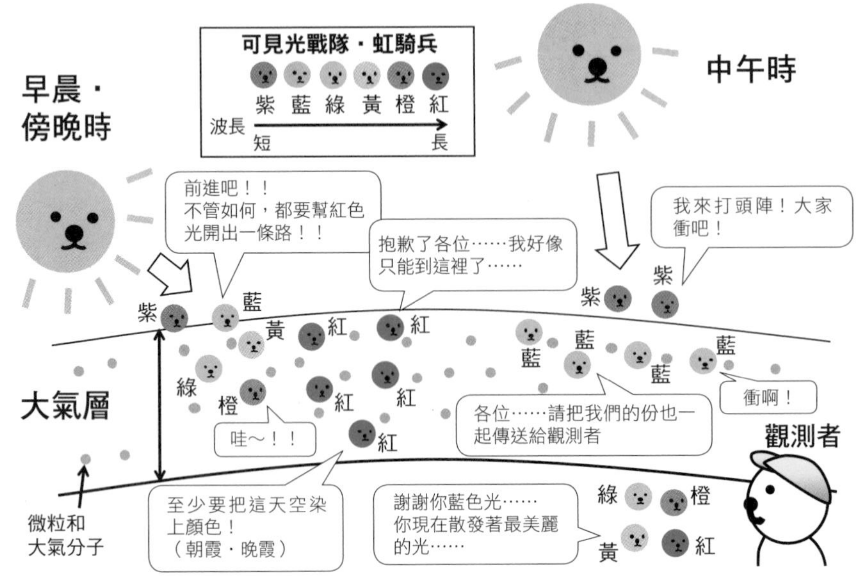

圖3・3　天空是藍色、朝霞和晚霞是紅色的原因。

空的藍色外，在大海中因波長較長的光線被吸收而形成的藍色，也會抵達我們眺望大海的眼睛。大海的顏色雖然會因為浮游生物的影響而變得混濁，但在沒有什麼浮游生物的沖繩等地的大海淺灘，白沙和彈回的光線顏色會相互混合，讓大海呈現透明的翡翠綠（圖2・60，94頁）。觀看雲、天空和大海時，大家不妨也試著想像一下那些顏色是如何形成的。

朝霞與晚霞

在清晨看到壯麗的紅棕色天空，總能讓人帶著幸福的心情度過那一天；若能看見傍晚的鮮紅晚霞，當天的所有壓力也可一掃而空，滿布彩霞的天空就是這麼療癒人心，不過雖然都名為彩霞，它們卻有著各種不同的表情。

朝霞和**晚霞**是可見光因大氣分子或氣膠產生瑞利散射，波長較長的紅色光滿布天空時的狀態。紅色光之所以會變成最深的顏色，乃因為可見光通過大氣層距離最長的時段，就是在日出之前和日落之後（圖3・4）。特別是在有卷雲或卷積雲等高層雲，而其下層沒有雲的時候，來自地平線另一頭的太陽光會因為雲而進行米氏散射，通過長長大氣層的深紅色光線便會抵達我們的眼睛。我們可以從日出前的二十至三十分鐘在東邊的天空，或是在日落後二十至三十分鐘的西邊天空，欣賞到紅棕色天空。

圖3・4　被染成朝霞色的雲。2017年8月25日茨城縣筑波市。

太陽在即將升起或剛剛落下時，橙色和黃色的光會互相混合變成亮紅棕色。若太陽位於比地平線稍微高一點的地方，雲和天空則會被參混了白色光亮的金黃色包圍。在很短的時間內，天空和雲的表情就有極大轉變，讓人百看不厭。

特別值得推薦的就是有雲的紅棕色天空。因為雲頂附近被染成紅棕色，泛紅的濃積雲和積雨雲、宛如金魚般的莢狀高積雲，以及絮狀、鉤狀卷雲，無一不美。從高積雲延伸而出的旛狀雲在變成紅棕色後，也非常動人

（左）圖3・5　被染成晚霞色的旛狀雲。2017 年 6 月 30 日茨城縣筑波市。
（右）圖3・6　氣膠很多時的紅黑色太陽。2017 年 5 月 20 日茨城縣筑波市。

（圖3・5）。

此外，當有許多比可見光波長還要小的氣膠時，剛剛日出和即將日落的低高度太陽會變成紅黑色（圖3・6）。在冬季的寒冷早晨，因地面冷卻，大氣下層出現強烈逆溫層，氣膠的數濃度升高，便會造成這種現象。由**跨境空氣汙染**造成的氣膠大量出現時，也會出現這種現象。在圖3・6中，和太陽同高的天空之所以呈暗灰色，乃是因為大量氣膠讓包含紅色光在內的各波長可見光進行瑞利散射，未能抵達攝影處。另一方面，從太陽發射出、經過最短距離而抵達的可見光，因還殘存著最後的紅色光，所以太陽看起來呈紅黑色。從低高度太陽的表情，就可以想像氣膠的多或少。

黎明天空的色彩

可以看見美麗紅棕色的日出前與日落後時段，分別稱為黎明與黃昏，而這兩個時段的陽光則稱為曙暮光。曙暮光可依照太陽的高度分為三類：從太陽落入地平線到負六度（地平線下六度），即使沒有照明依然可以在明亮的戶外活動，雲也呈現大面積紅棕色的亮度稱為**民用曙暮光**（civil twilight）。太陽高度在負六度到負十二度（地平線下六到十二度），足以清楚分辨海面與天空界線的亮度稱為**航海曙暮光**（nautical twilight）；太陽高度在負十二到負十八度（地平線下十二到十八度），無法以肉眼確認六等星的亮度稱為**天文曙暮光**（astronomical twilight）。若太陽高度又更低時，便是夜晚，早上和傍晚太陽高度為負十八度的時段分別稱為**黎明**和**黃昏**。不過在日本，根據江戶時代時所下的定義，在早上和傍晚太陽高度為負七度二十一分四十秒時，分別稱為拂曉和傍晚。民用曙暮光的天空不只會呈現紅棕色，有時還可以看到附近整片都被染成藍色的**藍色時刻**（blue moment）（圖3・7，120頁）。藍色時刻會在沒有紅棕色的日出前或日落後短暫出現，當天氣晴朗且沒有太多雲時很容易看到這種景象。在藍色時刻，天空變成深藍色的時段稱為藍色時分（blue hour）。這藍色不只是瑞利散射造成的，平流層的臭氧也有影響。在日出前的藍色時刻，整個城市染成一片藍的光景，溫柔地撫慰了我因熬夜而疲憊的身心。

民用曙暮光又稱為**魔幻時刻**（magic hour；golden hour），這時可以看到非常美麗的天空。特別是紅棕色與藍色時刻混合時段的天空更屬上乘。天晴時，我們經常可以看到天空顏色的變化，就算高、中層雲漫布，有時還是會形成魔法般的桃色天空（圖3・8，120頁）。

曙暮光每天會出現兩次。「白天工作忙碌，無法抬頭仰望天空」的人，務必看看美麗的曙暮光

（上）圖 3・7　藍色時刻。2016 年 8 月 1 日茨城縣筑波市。
（下）圖 3・8　魔幻時刻。2017 年 5 月 16 日茨城縣筑波市。

天空，稍微喘口氣後再緩步前行。

曙暮光與反曙暮光

當太陽被雲或山擋住時，在天空中，曙暮光會從雲的輪廓或縫隙間延伸而出。延伸到地面的曙暮光被暱稱為天使的梯子（圖3・9），這個名稱源自舊約聖經《創世紀》中登場的雅各布有天夢見天使在從天空射出的光梯上上下下，故又稱**雅各布天梯**（Jacob's ladder）。

曙暮光是太陽光通過大小和可見光波長相去無幾的氣膠，進行米氏散射後，形成眼睛能看見的光線路徑。

圖3・9　延伸到地面的曙暮光・天使的梯子。2017年3月8日茨城縣筑波市。

這是光通過有著微小懸浮粒子的混濁物質時，進行散射所形成的**廷得耳效應**（Tyndall effect）之一。

若氣膠的數量太多，因為薄雲的雲滴所形成的曙暮光有時也會中途斷掉。如果有高、中層雲，便會形成光或影子投射在雲上的美麗景象。

曙暮光十分常見，即使是太陽高掛的正午，當太陽被積雲或濃積雲等孤立的雲擋住時便能看見。此外，我們也可以在層積雲或高積雲等較厚的雲瀰漫四散，有縫隙足以讓光線通過時看到天使的梯子。隨著太陽高度的轉變，有時也會變成金黃色或紅棕色的梯子。就算看不到明顯的雲，在地

（上）圖 3・10　日出前出現在東方天空中的曙暮光。2016 年 9 月 5 日茨城縣筑波市。
（下）圖 3・11　黃昏時出現在東方天空的反曙暮光。2016 年 9 月 6 日茨城縣筑波市。

平線下方的雲所形成的曙暮光，也會出現在日出前的東方天空或日落後的西方天空（圖 3．10）。這是一種就算看不到，也會讓我們感受到雲的存在的溫柔光線。

出現在太陽對側天空的光之魔法也不容錯過。在日出時的西方天空和日落時的東方天空，從太陽側的天空延伸過來的曙暮光稱為**反曙暮光**（anticrepuscular rays）（圖 3．11）。反曙暮光會朝向太陽對側的地點（反日點，antisolar point）集中收束。

圖3・12　雲的影子與曙暮光。2017年7月13日茨城縣筑波市。

曙暮光和反曙暮光會形成宛如裂開般的美麗天空。

在西邊有著山地的太平洋沿岸地區，若夕陽的光被夏季晴朗午後在山地中形成的積雨雲（第四章第四節，214頁）遮住，便可以看到美麗的曙暮光（圖3・12）。在這樣的日子，不妨一邊利用雷達情報確認積雨雲的位置，一邊在傍晚時仰望天空。

地影與金星帶

在日常生活中，我們幾乎不會意識到地球的存在，但在即將日出或剛剛日落時，會出現一種讓我們可以感受到地球存在的現象，那就是**地影**（shadow of the earth）（圖3・13，124頁）。

顧名思義，地影就是地球的影子，在民用曙暮光出現的時段，可見於太陽對側的天空中。晴天時很容易出現地影，如果是太平洋沿岸，冬天的晴朗早晨和傍晚很適合觀測。地影是會延伸至比太陽對側天空的地平線稍高處的暗影，而上方有著淡紫色或粉紅色的帶狀，稱為**金星帶**（belt of venus），擁有視角十至二十度的寬度。金星帶的顏色會隨著大氣中氣膠的數濃度而改變，若氣膠的數量很少，會呈現美麗的粉紅色，數量多則會變成紫黑色，或是看不見。

（上）圖3・13　地影與金星帶。2014年1月10日長野縣。下平義明先生提供。

（下）圖3・14　地影。2016年3月29日茨城縣筑波市。照片是以南為中心，從東（左）向北（右）拍攝的全景照。

除了太陽對側天空中的地影，若從太陽這頭往對面天空眺望，更能感受到地球的存在（圖3・14）。愈靠近太陽對側的天空，地影從地平線算起的高度就愈高（也就是說，地影會變得愈來愈厚）。與和曙暮光同時出現的雲的影子一樣，地影也是傾斜的。

幸福的光亮——綠閃光

在日出和日落的短暫瞬間，太陽會出現閃耀著綠色的**綠閃光**（green flash）現象（圖3・15）。在可見光的範圍內，波長較短者（如藍色

圖3・15　綠閃光。2013年3月2日芬蘭，由賈瑞・盧歐馬內（Jari Luomanen）先生提供。

光）大氣折射率較高，因此藍色或綠色的光會比波長較長的紅色光行進路徑更為彎曲，而其折射程度當光通過的大氣層路徑最長時（亦即當太陽位在地平線上時）最大。當太陽大部分都在地平線下方時，太陽上端的藍色或綠色光會照到觀測者，因為波長較短的藍色光會因受到大氣的強烈散射，所以只剩下綠色光，因而形成綠閃光。

有人說在路上看到綠閃光的人會有幸運造訪，其實可以遇上這種光之魔法本身就是一種幸運，不過我們也可以自己創造這種幸運。在沒有低雲、風勢平穩的日子，只要在可以看到地平線的地方等待，就有機會看到綠閃光。當然，氣膠很少、大氣乾淨也是條件之一。有機會去海邊時，請試著找找看。

因為光之魔法而出現的幻象——蜃景

天空有時會出現夢幻般的景色，**蜃景**（mirage）便是其一。大規模的蜃景可以醞釀出超乎現實的景象，但事實上，蜃景經常出現在我們周遭。

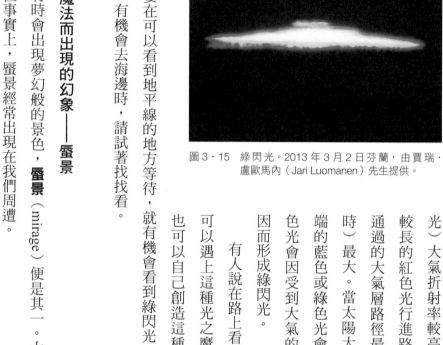

蜃景分成兩種，當遠方景色的上方出現變化時，稱為**上蜃景**（upper mirage），下方出現變化則稱為**下蜃景**（inferior mirage）。其中，上蜃景是遠方的景色會往上方延伸（圖3．16），或在上方上下顛倒（圖3．17），比較罕見。下蜃景則是遠方的景色在下方上下顛倒，因為在海上看起來就像有島嶼漂浮著，故又稱為**浮島現象**（圖3．18）。

蜃景的主要形成原因乃不同溫度（密度）的大氣呈層狀分布時，大氣所形成的光折射。當地面氣溫較低的冷氣層上方有著氣溫較高的暖氣層時，就會出現上蜃景。因為大氣的折射率在空氣溫度低、密度高時較大，所以在暖空氣與冷空氣的分界層，光會往下彎曲，上方看起來就像幻象。以上蜃景來說，若冷空氣與暖空氣分界處的溫度變化和緩，光會呈現小幅度彎曲，往上方延伸，若溫度變化激烈，光會呈現大幅度彎曲，在上方上下顛倒。下蜃景是在暖空氣上方有著冷氣層時，在其分界處，光朝向冷空氣彎曲而形成。

日本富士灣是非常有名的蜃景景點。在富士灣，從三月下旬到六月上旬這段期間，移動性高氣壓會穿過日本東部，在晴朗且吹著偏北弱風的白天，很容易出現上蜃景。此外，冬季冷空氣流入後，因為海面溫暖，很容易發生下蜃景。日本全國各地都可以看到下蜃景，在夏季晴朗炎熱的日子，路上的**水灘**也是下蜃景之一。

除此之外，還有罕見的**側蜃景**（lateral mirage），這個時候，水平方向的溫度梯度非常重要。熊本縣八代海的不知火就是其中之一，海上漁船的燈火看起來就像分成左右兩側，透過地平線相互連

（上）圖 3・16　景色往上方延伸的蜃景。2013 年 5 月 18 日富山縣魚津市，菊池真以先生提供。
（中）圖 3・17　景色上下顛倒的上蜃景。2013 年 4 月 10 日芬蘭，由賈瑞・盧歐馬內（Jari Luomanen）先生提供。
（下）圖 3・18　下蜃景。2017 年 4 月 14 日芬蘭，由賈瑞・盧歐馬內（Jari Luomanen）先生提供。

結，或是上下分裂。

若大氣下層存在具溫差的氣層，太陽和月亮的形狀看起來也會不一樣。若是上蜃景，會變成四角形，若是下蜃景，地平線上的太陽或月亮的一部分會往下方翻轉，呈現不倒翁狀或紅酒杯狀。這些景象在全國四處都可見，在尋找紅棕色的天空或月亮時，不妨也注意看一下太陽和月亮的形狀。

有光線通過的大氣層狀態會大幅影響我們看到的景色。汽車引擎的排熱、蠟燭或焚火火焰上方的搖晃，都是因為局部溫度變化改變大氣密度，讓光線折射所造成的熱流閃爍。平常若沒有特別注意，很容易就會錯過水灘或熱流閃爍，下次看到時不妨試著想像一下讓光線產生折射的大氣有著什麼樣的心情。

3．2 水粒子形成的色彩

雨過天晴時空中的虹色

不管何時，只要一看到雨過天晴時橫跨空中的彩虹，總會讓人非常感動。為了提高看到美麗彩虹的機會、享受欣賞彩虹的樂趣，讓我們來了解彩虹的特性。在此，先針對由光與大氣中的水滴交織而成的色彩做進一步說明。

虹是下雨時出現在太陽對側的天空，顏色從紅排列到紫的圓弧狀光線。就如Rainbow（雨之弓）

圖3・19　雷雨過後出現的雙重彩虹。2014年4月4日茨城縣筑波市。

一字所示，創造出虹色的是球形的雨滴，太陽光愈強，虹的色彩就愈美麗。有的時候會形成兩層的**雙重彩虹**，內側的虹稱為**主虹**（primary rainbow），外側的虹則稱為**副虹**（secondary bow）（圖3・19）。這些虹以對日點為中心，在主虹視角四十二度，副虹五十度（兩者皆為紅色部分）的位置形成圓形（圖3・20，130頁）。從飛機或高塔上有時可以完整看到呈現圓形的虹，但從地上只能看見一部分。主虹的寬度約視角兩度，副虹約四度。

仔細觀察雙重彩虹，會看到主虹從內到外的顏色排列為由紫到紅，但副虹的顏色排列和主虹相反（圖3・19）。為何如此呢？我們試著以光線如何通過虹弧的雨滴來思考這件事（圖3・20，130頁）。來自太陽的可見光會進入雨滴、進行折射，再分光形成虹，但以主虹來說，這道光線是從雨滴上部進入，在內部經過一次反射，再從下部離開，

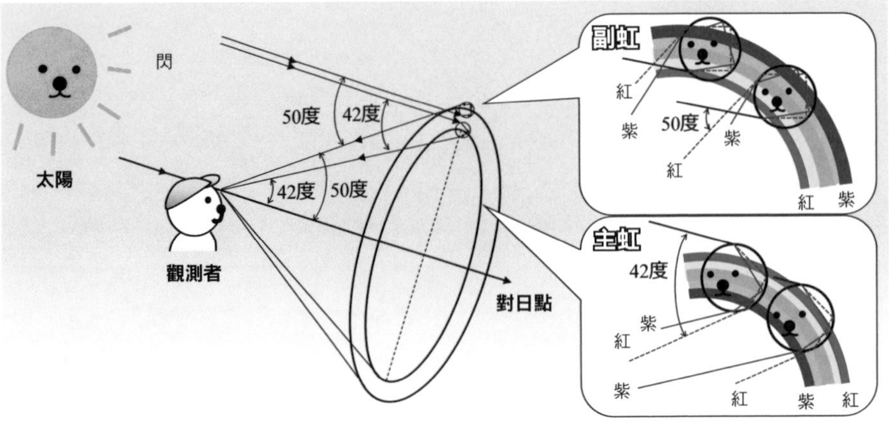

圖3・20　主虹與副虹的形成。

在副虹則是相反，光線是從雨滴下部進入，在內部進行兩次反射，再從上部出來。主虹和副虹的顏色排列之所以會相反，並不是因為光在雨滴內部進行反射的次數不同，而是因為到達我們眼睛的光在雨滴內部轉往相反方向、分光所致。在光進行反射時，有些光會變成折射光跑到雨滴外面，因為副虹的光反射次數比主虹多一次，所以我們眼睛看到的虹色光會較弱。

此外，在主虹與副虹之間可以看到名為**亞歷山大暗帶**（Alexander's dark band）的暗沉天空，在主虹內側則可以看到明亮的天空（圖3・19，129頁）。主虹的光在視角四十二度附近會變得最強，在主虹內側，進入雨滴時位置有些微差距的光線會相互重疊，然後抵達。在副虹外側，光線也是重疊抵達，但在雨滴內反射的光線，並無法抵達主虹和副虹之間，所以這個部分看起來比較暗。

欣賞虹的重點之一是，虹的樣貌會隨著太陽的高度而改變。虹以對日點為中心呈現圓形，所以當太陽很高時，只會出現虹的圓弧上部（圖3・21），這種位於地平線附近的虹其實也相當漂亮。太陽愈低，愈接近半圓，在出現朝霞或晚霞的紅棕色天空時段，打造出虹的可見光也會變成暖色系（圖1・2，21頁），形成名為紅彩虹（red rainbow）的彩虹。

圖3・21　太陽很高時的主虹。2016年12月18日12點左右。沖繩縣嘉手納町，新垣淑也小姐、田地香織小姐提供。

如果有雙重彩虹，那是否有三重彩虹呢？主虹又稱一次虹，副虹又稱二次虹，事實上，也有三次以上的**多次虹**。虹的次數與光在雨滴內部被反射的次數相對應。從在雨滴內進行反射的光的路徑來看，理論上，三次與四次虹存在於太陽側的天空，五次、六次的虹則分別存在於太陽對側天空的主虹與副虹之間，以及主虹內側（圖3・22，132頁）。不過副虹的光已經很微弱，不容易看到，三次以上的虹光更是微弱，極難觀測。

此外，當雨滴變得非常大的時候，會變成日式饅頭的形狀（第一章第四節・29頁），無法像球型水滴一般順利反射光線，因此有土石流時無法形成美麗的彩虹。不過，日式饅頭形狀的大型水滴和球型雨滴互相混合時，在主虹內側還會有另一道虹伴隨而出，稱為**雙彩虹**（twinned rainbow）。

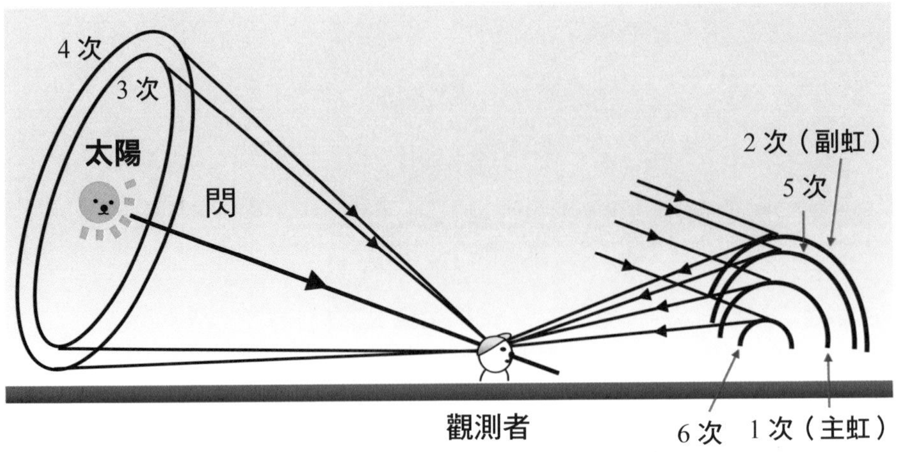

圖 3・22　多次虹的位置。

也有報告指出，曾非常罕見的出現分成三道的虹。

當然，最重要的就是哪裡和何時可以看見彩虹，最容易看到彩虹的情況就是當太陽對側的天空下著小雨，太陽同側有著強光的晴天時。比方說，若是太平洋沿岸，就是夏季晴天雷陣雨後的東邊天空。若有局部地區降水，早晨的西邊天空也看得到。重點是透過雷達觀測情報，看準脫離降雨區域的時間點，然後再仰望天空。

重疊的虹色——複虹

虹以各式各樣的姿態彩繪天空，讓人著迷，**複虹**（supernumerary rainbows）便是其中之一，複虹會在主虹內側或副虹外側會呈現多道淡淡的虹色（圖 3・23）。

形成主虹虹色的光，在進出雨滴時會進行兩次折射。因此，進入雨滴時位置稍有不同的兩道光線從雨滴出來時，有一部分會朝向同一方向。我們可以把光視為電磁波，兩道光波峰的重疊部分會讓光線增強，波峰和波谷重疊的部分會互相抵消，形成明暗相間的光（干涉條紋）。這就是複虹真正的模樣，因為是由光的干涉造成，在日文中又稱為干涉虹。

四重彩虹？——反射虹

我們幾乎無法看到三次以上的多次虹，但在某些條件下，還是可以看到三重或四重彩虹，那就是因水面而反射的光所形成的**反射虹**（reflection rainbow）（圖3・24，134頁）。

反射虹是背對太陽時，被與太陽同側的湖或大型河川等水面反射的光，進入太陽對側天空中的雨滴所形成（圖3・25，135頁）。直達光的對日點低於地平線，反射光的對日點則高於地平線，因此反射虹會比直達光所形成的虹顯露出更多圓弧部分，呈現出一個圓形。

反射光也有主虹和副虹，與直達光所形成的主虹與副虹相互重疊後，就變成四重彩虹。形成反射虹的光因水面而呈現一次反射，所以形成的虹色會比直達光所形成的虹

圖3・23　複虹。2012年8月26日長野縣，下平義明先生提供。

圖3・24　反射虹。2015年12月28日島根縣出雲市，氣象新聞公司提供。

稍弱。

想看到這樣的彩虹，必須在形成彩虹的局部地區降雨結束時，站在有可以反射太陽光的湖泊或河川之處。如果風勢很強，水面出現波浪，反射光便無法散布在天空，所以弱風也是看見四重彩虹的條件之一。另一個重要條件是反射光要很強，在太陽高度很低的日落前或日出後很容易看到。若能找到一個好的位置，看到三重或四重彩虹，應該會讓人欣喜萬分。

雲粒所形成的白虹

在這個世界上還有一種名為白虹（white rainbow）的白色彩虹（圖3・26，136頁）。白虹不是在下雨時，而是在有霧或水雲時才出現，所以又稱**霧虹**（fogbow）或**雲虹**（cloud bow）。

對白虹來說，小如雲滴的水滴非常重要。若是半徑〇・五公釐左右的雨滴，紫色到紅色的光很容易就可以在狹窄的帶狀上分離，這個時候會出現一般的虹。若水滴變小，光便無法充分分離，例如半徑二十五微米的水滴，各種光會相互重疊，形成白虹。我們偶爾會看到有人將形成白虹的主要

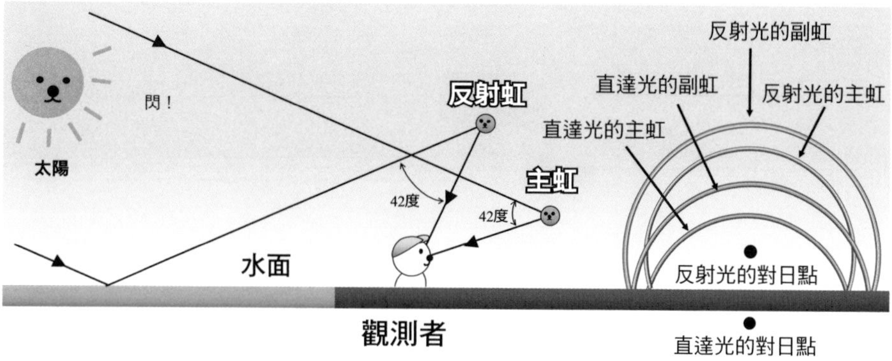

圖3・25　反射虹的形成。

原因解釋為雲滴所造成的散射，但米氏散射可以說明為何雲滴會發出白光，卻無法說明光為何可以像白虹一樣劃出一個弧形。

我們可以在有霧早晨的西方天空，或是在山上的層雲看到白虹。在霧即將消失且朝陽已經出現的這個時間點，是觀察的好時機。此外，我們也可在濃霧中自己創造出白虹來玩（第五章第一節，248頁）。

從太陽散發出的光圈

當太陽上蓋著薄雲時，有時會出現虹色以太陽為中心、呈圓盤狀擴散的華（corona）（圖3・27，137頁）。corona這個字的拼法雖然和月全蝕時出現在太陽表面附近的散射光corona一樣，但兩者指的是截然不同的現象。

華是光因水滴形成的水雲進行繞射而形成的。**繞射**指的是光波碰到障礙物時，會繞過障礙物的現象。繞過眾多雲滴的光會在雲滴背後散開，經過互相重疊、干涉，形成條紋（艾里

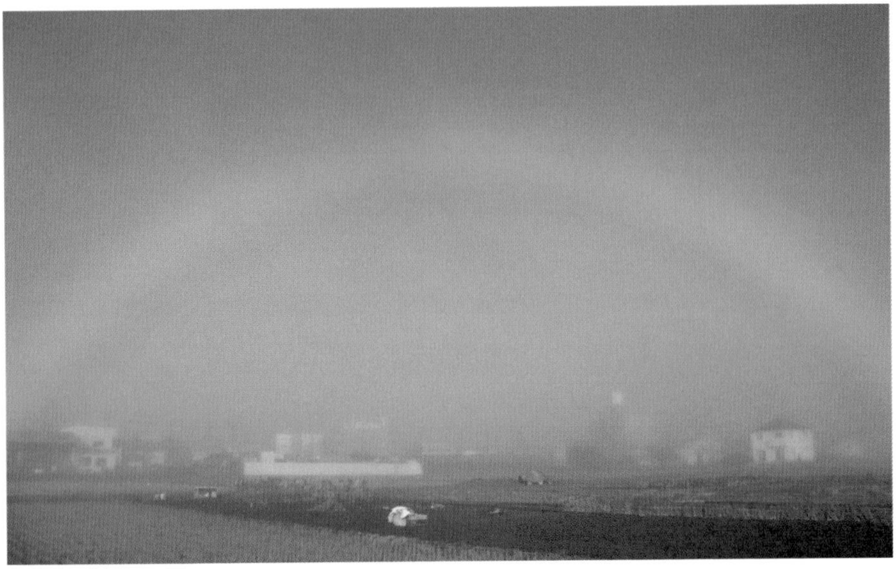

圖3・26　白虹。2016年11月20日神奈川縣海老名市，氣象新聞公司提供。

斑）。繞射具有波長愈長，繞射角（光進入障礙物背後的彎曲角度）愈大的特色，所以不同顏色的光，繞射角都不一樣，華的內側是波長較短的紫色和藍色，外側則是波長較長的紅色。

在雲滴大小一致的卷積雲和高積雲等較薄的水雲經常可以看到華，它們的大小是以太陽為中心，視角約一至五度。雲滴愈小，華的直徑愈大，顏色也會被分離得愈漂亮。另一方面，在層雲中因為雲滴大小不一，繞射光相互重疊，所以會呈現模糊的白色（圖2・57，92頁）。不管是大小不一的雲滴所形成的太陽周圍的白光，或是顏色被漂亮分開的華，在太陽附近的白色部分都稱為華蓋（aureole）。

在春季之初，就算沒有雲也會形成華（圖3・28）。這是飄散在大氣中的花粉所形成的華，稱為**花粉華**（pollen corona）。接近球狀的

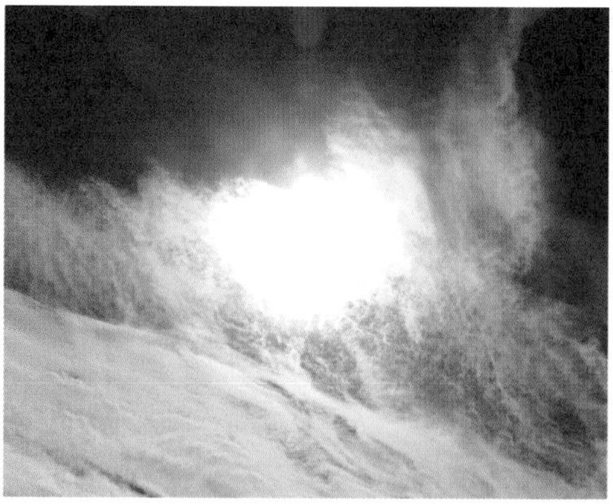

（左）圖 3・27　華。2016 年 10 月 29 日愛知縣名古屋市。
（右）圖 3・28　花粉華。2017 年 3 月 3 日茨城縣筑波市。

大型杉樹花粉，特別容易形成花粉華。花粉華容易出現在二至四月的雨天隔日、天晴風強時，可以很清楚的看見大量花粉飛散，但在有花粉症的人眼中，或許看似惡魔之光。看到花粉華時，在進入自家之前，記得先小心把附著在衣服上的花粉拍掉。

此外，火山爆發時，若大氣中飄散著大量液態硫酸鹽粒子，就會出現名為畢旭光環（Bishop's ring）的華。這種華的內側偏白色，外側則略帶紅褐色。因為硫酸鹽粒子小於一．〇微米，比雲滴還小，所以華會比較大，寬度約十度，從太陽到環外側邊緣有二十二至二十三度。在天空中，散布著各式各樣的光圈呢。

從影子擴散而出的虹色光——光環

在雲層瀰漫、視線模糊不清的山中，回頭一看，會突然看到一個帶著光圈的巨大妖怪身影！（圖3．29，139頁），這就是名為**光環**（glory）的大氣光象。在山中，當前方有雲（霧），太陽光從自己身後照射時，自己的影子會變得非常大，而且可以看到有一個以影子為中心的光圈。因為這樣的光圈經常出現在德國哈次山的布羅肯峰，影子的部分被稱為布羅肯幽靈（brocken specter），影子和虹色的光則合稱為**布羅肯現象**（brocken phenomenon）。

光環乃進入雲滴的太陽光剛好形成一八〇度繞射所形成。光從水滴邊緣進入水滴內部，進行一次反射，然後再度從水滴對側的邊緣離開。若單純只靠水造成的光折射原理，要採取這種路徑，角度還不足十四度，但透過繞射、光波擴散便可達成。若有大量水滴，因為光的干涉，會和華一樣形成內側為紫色和藍色，外側為紅色的環狀。光環的環形大小也和華一樣，雲滴的粒徑愈小，環形愈大。

此外，搭著飛機在天空飛行時，映照在水雲的飛機影子上也會出現光環（圖3．30）。若想看到光環，不妨根據飛機的路線和飛行時間，預約太陽對側、可以看見飛機影子的窗邊座位。這麼一來，就可以欣賞映照在水雲上的美麗光環了。

幸福就在你我身邊——彩雲

天空中色彩鮮豔的虹色和彩雲，總是讓人心醉神迷。在日文中，彩雲又稱瑞雲、慶雲、景雲、紫雲，自古就是吉祥的象徵（圖3．31，140頁），在接引圖中，除了阿彌陀如來搭乘著五色雲的模樣，也會畫上龍和鳳凰。或許大家會覺得這是個罕見的現象，但事實上，它經常出現在各種不同的季節和場所。

（上）圖說3・29　光環。2013年3月17日長野縣。下平義明先生。
（下）圖說3・30　從飛機上看到的光環。2014年10月18日太平洋上空，平松早苗小姐提供。

彩雲和華一樣，是太陽附近有水雲時，光因水滴產生繞射而形成的。彩雲的位置多半在從太陽來看視角十度以內，有時在二十度以上的位置也可看到。華是以太陽為中心，規則呈同心圓狀排列的虹色環，但彩雲會因為大小不一的雲粒，形成與太陽距離不一的色彩（請參照本書開頭的彩頁）。

如果是較薄的水雲，不管是哪一種雲都可以看到彩雲。比方說，若是積雲，在太陽被雲擋住的時候，雲的輪廓附近多半都有彩雲（影片3・1）。特別是在雲的輪廓附近，太陽光很容易進行繞射，雲滴蒸發後因為粒徑很小，所以顏色會被分離得很美。此外，如果太陽被雲擋住，因為白色直達光無法抵達，很容易看見虹色。在積雲中，因為空氣混亂，可以欣賞到虹色隨時間變化的模樣。

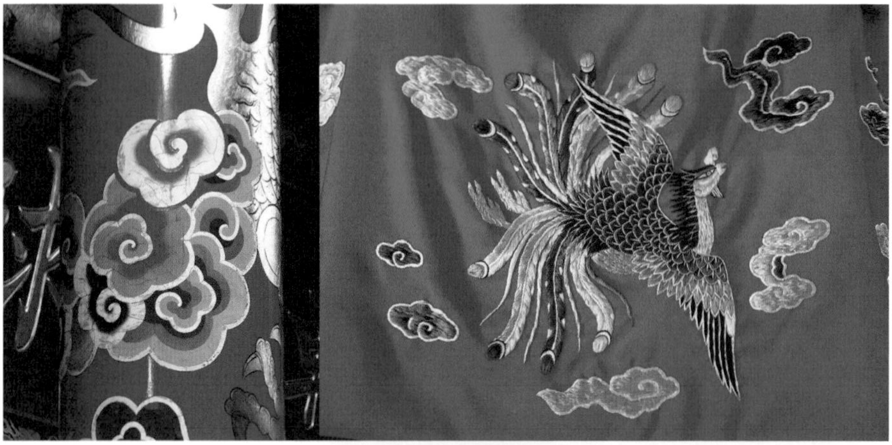

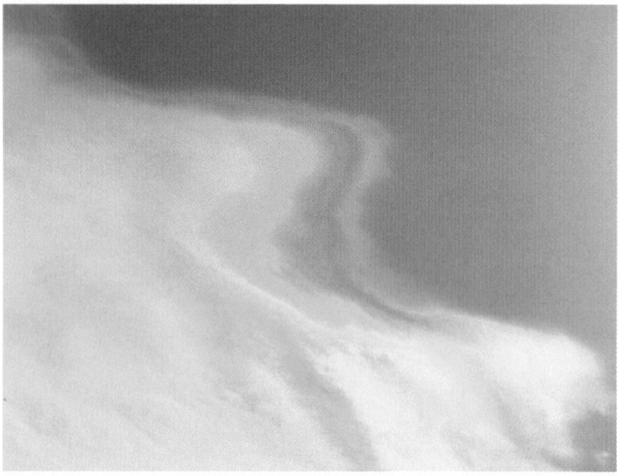

（上）圖3・31　沖繩縣首里城中所描繪的五色雲（左）與鳳凰（右）。
（下）圖3・32　宛如仙女羽衣般的彩雲。2016年10月27日愛知縣名古屋市。

除此之外，由過冷雲滴所形成的卷積雲或高積雲等也可以看到彩雲。特別是莢狀雲的雲滴較一致，色彩會呈大規模分布，形成宛如仙女羽衣的彩雲（圖3・32）。彩雲的攝影方式會在第五章第一節（248頁）詳細說明。

3・3 冰粒所形成的色彩

暈與弧

天空的色彩因冰晶而形成。太陽和月亮的光因冰晶而折射、反射所形成的大氣現象通稱**暈**（halo）。暈的種類和形狀非常多樣（圖3・33，142頁），隨著太陽高度的變化，色彩也截然不同。在有著大量冰晶的高緯度地區，特別容易觀測到暈，即使在日本，只要有卷層雲等冰晶雲，不管哪裡都可以看到暈。

暈可依據飄浮在大氣中的冰晶方向分成兩大類。冰晶的方向隨機呈現時所形成的內暈、外暈通稱為暈，相當受大氣光象迷的喜愛；而由方向一致的冰晶形成的大氣光象則稱為**弧**（arc）。根據冰晶的方向、形狀，以及光的折射、反射方法，會形成各種不同的光（圖3・34，143頁）。接下來，就讓我們進一步探究冰和光的魔法。

冰和光的初級魔法——暈

太陽和月亮所形成的光圈中，以視角來說，位於二十二度、四十六度的光圈分別稱為二十二度暈（內暈）和四十六度暈（外暈），它們是由直長形的六角形柱狀冰晶和光共同形成的。

在六角形柱狀冰晶中，由兩個面構成的角度（**頂角**）有三種，分別是側邊相鄰的兩個面所形成

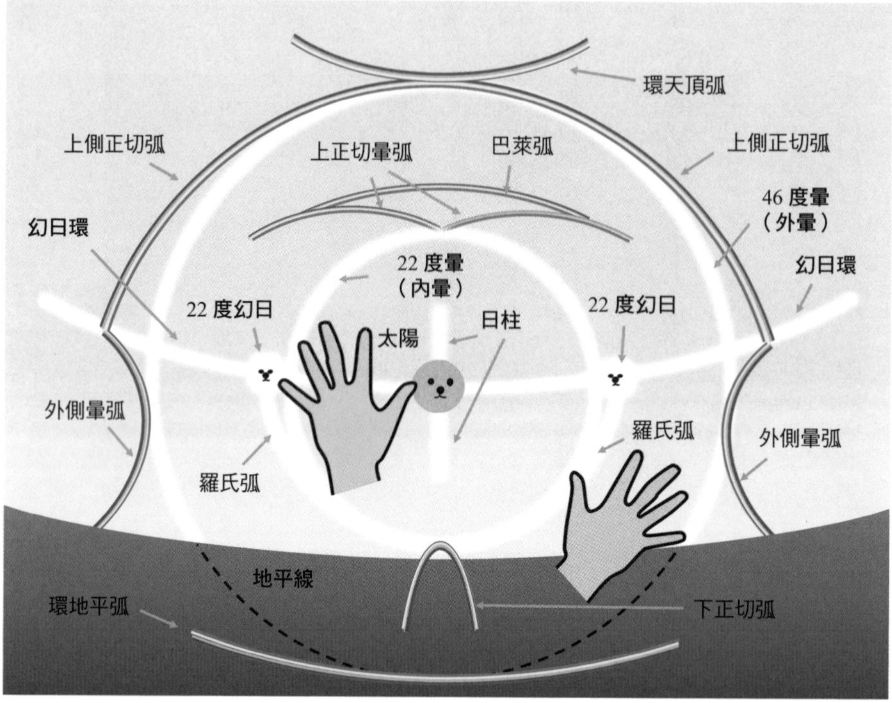

圖3・33　太陽高度約二十五度時，主要的暈和弧出現的位置。環地平弧與下正切弧畫的是當太陽的高度更高時，與太陽的相對位置，所以看起來並不是在地平線前方。

的一百二十度，與鄰接面彼此所形成的六十度，以及側面與底面所形成九十度，它們分別有著稜鏡的功能。當光碰到冰晶時，若頂角很小（四九・七七度以下），無論是何入射角，光都可以通過那個面；當頂角變大時，特定的入射角會出現全反射，不再有光通過；當頂角超過九九・五三度時，任何入射角都不會有通過的光。換句話說，以冰晶來說，上述的三個頂角中，相對應六十度和九十度頂角存在的暈，分別是二十二度暈和四十六度暈（圖3・34）。所有的環形都是因為冰晶讓光線產生折射、分離，

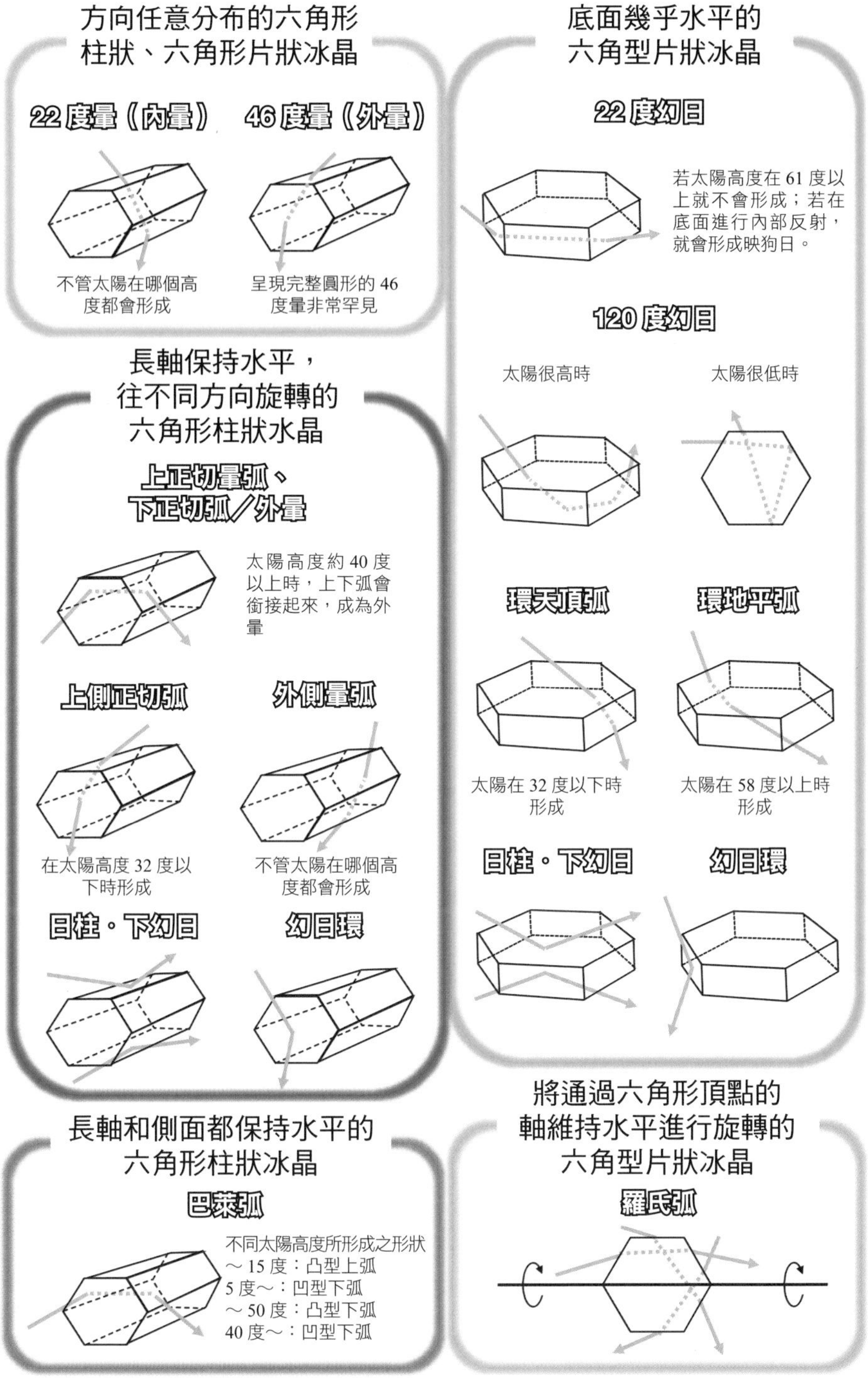

方向任意分布的六角形
柱狀、六角形片狀冰晶
22 度暈（內暈）
46 度暈（外暈）
不管太陽在哪個高
度都會形成
呈現完整圓形的 46
度暈非常罕見
長軸保持水平，
往不同方向旋轉的
六角形柱狀水晶
上正切暈弧、
下正切弧／外暈
太陽高度約 40 度
以上時，上下弧會
銜接起來，成為外
暈
上側正切弧
外側暈弧
在太陽高度 32 度以
下時形成
不管太陽在哪個高
度都會形成
日柱．下幻日
幻日環
長軸和側面都保持水平的
六角形柱狀冰晶
巴萊弧
不同太陽高度所形成之形狀
～ 15 度：凸型上弧
5 度～：凹型下弧
～ 50 度：凸型下弧
40 度～：凹型下弧
底面幾乎水平的
六角型片狀冰晶
22 度幻日
若太陽高度在 61 度以
上就不會形成；若在
底面進行內部反射，
就會形成映狗日。
120 度幻日
太陽很高時
太陽很低時
環天頂弧
環地平弧
太陽在 32 度以下時
形成
太陽在 58 度以上時
形成
日柱．下幻日
幻日環
將通過六角形頂點的
軸維持水平進行旋轉的
六角型片狀冰晶
羅氏弧

圖 3．34　不同的冰晶種類和方向，分別形成的暈和弧。

圖3・35　22度暈、18度暈、9度暈。2016年7月27日熊本縣天草市，氣象新聞公司提供。

內側（太陽那側）是紅色，外側是紫色，但不會分離成像虹這麼漂亮的光。如果在卷層雲的下層有水雲，因為雲滴而造成的散射，會變成偏白的色調。

二十二度暈是日光通過卷層雲形成的，經常可以看到（圖2・19～22，73頁）。另一方面，四十六度暈比較罕見，完整的圓型更是極為罕見。除了典型的二十二度和四十六度視角，也有九度、十八度、二十度、二十三度、二十四度、四十五度的暈（圖3・35）。這些全是被稱為金字塔型的二十面體冰晶造成的暈。朝著天空將手筆直伸出時，把手掌張開，從拇指到小指的距離大概就二十二度視角。看到暈時，不妨試著把手打開測量一下大小。

環天頂弧與環地平弧

在冰與光的魔法中，格外美麗的便是環天頂弧（circumzenithal arc，又稱布拉維弧）（圖3・36）和環地平弧（circumhorizontal arc，又稱火彩虹）（圖3・37），它們分別會出現在與四十六度暈的上部和下部相銜接的位置。

環天頂弧會出現在太陽高度為三十二度以下的早晨和傍晚，因六角形片狀冰晶而形成（圖3・34，143頁）。當六角形片狀冰晶在上空且底面呈現水平時，光會從冰晶底面進入，從側面離開時，透過底面和側面所形成的頂角九十度的稜鏡折射，就會形成虹。當太陽高度大於三十二度時，會引起全反射，形成環天頂弧。環地平弧是光從六角形片狀冰晶的側面進入，從底面出來所形成，出現於太陽高度在五十八度以上的中午左右，在空中延伸的距離大於環天頂弧。

暈的光會集中在特定位置，看起來非常明亮，但弧則不然，它們單純由頂角九十度稜鏡的折射

（上）圖3・36　環天頂弧。2015年5月22日長野縣，下平義明先生提供。

（下）圖3・37　環地平弧。2015年5月22日廣島縣三次市，岩永哲先生提供。

光形成，因此從紅色到紫色的光線會明顯區分開來，太陽那側會呈現紅色的美麗虹色。環天頂弧與環地平弧有的時候會和彩雲搞混，彩雲多半是在從太陽看來視角十度的位置，呈不規則排列的虹色，相對於此，環天頂弧與環地平弧分別位於距太陽約兩個手掌的上方及下方，呈規則的顏色排列，兩者可根據與太陽的相對位置和顏色的排列來區分。

當空中有卷雲、卷層雲或卷積雲時，隨意往弧會出現的位置一看，大部分時候都可以看到。在早晨或傍晚等太陽較低的時段，一整年都可以看到環天頂弧，在日本附近，從春季到秋季，在太陽較高的中午則容易看到環地平弧。若大家仔細觀察，應該常常可以看到。

虹色汪汪——幻日

在太陽兩側，有時會出現如魔幻太陽般的虹色光點（圖3．38）。因為它們會出現在太陽兩側視角二十二度或稍微偏離一點的位置，所以又稱**二十二度幻日**。左側的幻日是左幻日，右側的幻日為右幻日。順帶一提，北歐神話中在天空中追逐太陽的那兩頭狼也稱為「sun dog」，所以幻日又稱為虹色汪汪。在神話中，狼追上太陽後會形成日蝕，但大氣光象中的幻日並不會追逐太陽。

幻日是六角形片狀冰晶的底面呈現水平飄浮在上空時，當底面軸旋轉，光進入冰晶側面呈隨機分布所形成（圖3．34，143頁）。它和二十二度暈一樣，是透過側面的頂角六十度稜鏡折射形成光點，在顏色的排列上，內側（太陽側）為紅色，外側為紫色。幻日有時也會形成如三角形一般的形狀；若形成幻日的冰晶雲之下層有水雲，便會呈現偏白色調。幻日出現於當太陽位於地平線上，從太陽看視角二十二度的位置；當太陽愈高，進入冰晶的光就愈傾斜，幻日則會出現在稍微偏離二十二度的位置。當太陽高於六〇・七五度時，光會因於冰晶側面進行全反射，無法形成幻日。因此在太陽高掛的白天以外（特別是早晨和傍晚），比較容易看到幻日。

此外，有的時候也會出現穿過太陽與其兩側的幻日，在與太陽相同的高度連成一個圓的**幻日環**（mock sun ring）（圖3・39，148頁）。幻日環是由底面呈現水平、飄浮在空中的冰晶側面反射的光所形成，因為沒有經過光的折射，所以會形成白色光圈，不會進行分光。此外，在幻日環上，距離太陽一二〇度的位置會出現兩個名為**一二〇度幻日**的光點。這種幻日是光從六角形片狀冰晶的上面與側面進入，分別經過兩次折射和反射而形成（圖3・34，143頁）。不完整的幻日環十分常見，但呈現完整圓形的幻日環或一二〇度幻日則非常罕見。

圖3・38　22度幻日與幻日環。2016年1月2日茨城縣筑波市。

二十二度幻日和暈一樣，在有卷層雲等冰晶雲時很容易看到。此外，由過冷雲滴形成的卷積雲或在高積雲成長的六角形片狀冰晶，在形成幡狀雲落下時很容

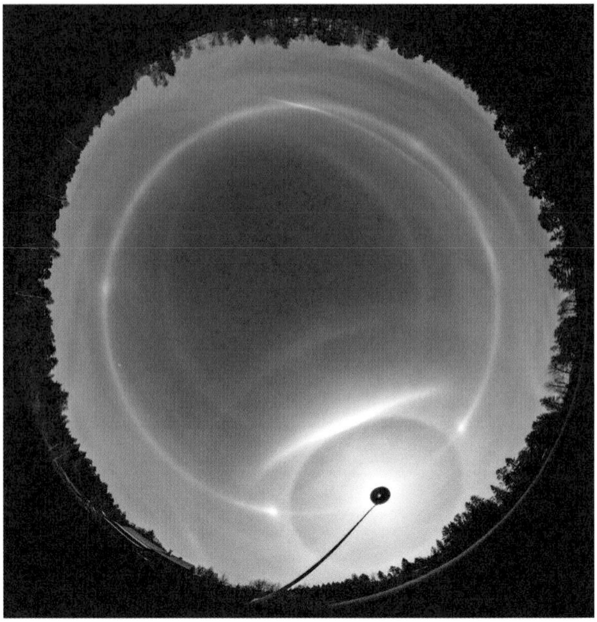

圖3・39　22度幻日、120度幻日、幻日環。此外，還可以看到22度暈、46度暈、上正切暈弧、下正切弧、魏耿納弧。和圖3・48進行對照比較會非常有趣。2014年5月14日芬蘭，賈瑞・盧歐馬內（Jari Luomanen）先生提供。

易保持水平，所以當有冰晶幡狀雲時也容易出現幻日、環天頂弧和環地平弧。而且在這個時候，天空的顏色會比卷層雲出現時還要藍，不會受到由其他冰晶造成的折射光的干擾，很容易分離成漂亮的顏色（圖3・40）。此外，幻日的模樣會隨著雲的形狀而改變，有如羽毛一般的幻日，也有宛如伴隨著幡狀雲一起出現的凝結尾那種龍一般的模樣（圖3・41）。二十二度幻日也很容易和彩雲搞混，但可藉由與太陽的相對位置和顏色排列來加以區分。因為二十二度幻日比較容易看到，在冰晶雲出現時可以在附近找找看。

映照在雲上的太陽——下幻日

搭飛機時，隨著高度的變化，我們可以欣賞到各種不同色彩的天空；在比中高層雲更高的天空中，也可以看到太陽映照在雲上的下幻日（undersun）（圖3．42）。下幻日指的太陽和地平線之間，於太陽正下方出現的白色光帶。它是太陽光因受到飄浮在空中，底面呈現水平的六角形片狀冰晶的反射所形成（圖3．34，143頁）。因為下幻日單單只因反射而形成，沒有透過折射，所以沒有分光。

（上）圖3・40　左幻日。2016年10月14日茨城縣筑波市。
（中）圖3・41　出現在凝結尾的右幻日。2016年10月30日茨城縣筑波市。
（下）圖3・42　下幻日與左側的映狗日。2015年9月10日太平洋上空。

在冰晶雲上部，與下幻日相同高度的兩側，會出現映日狗（subparhelia）這種虹色光點。映日狗是六角形片狀水晶底面呈現水平、飄浮在空中時，從側面射入的光於底面進行一次反射，然後再從側面離開所形成的。若想看到下幻日或映日狗，在預約機票座位時，務必記得請對方給你太陽側的窗邊座位。

與暈的外側相銜接的暈——外暈

在所有的弧中，有種V型光會與二十二度暈的上方與下方銜接，隨著太陽高度橫向延伸，分別稱為**上正切暈弧**（upper tangent arc）與**下正切弧**（lower tangent arc）（圖3・43）。

這些弧是當六角形柱狀冰晶底面彼此連結的軸（長軸）呈水平飄浮時，一如二十二度暈，從側面進入的光，經折射從側邊的第三個面離開（圖3・34，143頁）。切弧在太陽較低時，會呈現V字型，但隨著太陽升起，V字型就會變化成宛如打開般。太陽高度約三十二度時，V型光會往旁邊延伸，當太陽高度超過四十度，形狀就會變成宛如以太陽為中心的橢圓，上正切暈弧和下正切弧可以彼此連結。這種狀態稱為外暈（circumscribed halo）（圖3・44）。外暈是極為罕見的現象，如果發現疑似外暈的現象，麻煩請多拍幾張照片寄給我。

分布廣闊的天空虹色——lateral arc

在瀰漫著冰晶雲的天空，在四十六度暈的上部和下部，可以看到很容易與四十六度暈搞混的lateral arc（圖3・45，152頁）。對lateral arc和切弧（tangent arc）來說，水平的六角形柱狀冰晶的長軸非常重要。以上側正切弧（suprlateral arc）來說，光從六角形柱狀側面進入，從底面離開時，會出現折射、分光（圖3・34，143頁）。相反的，以外側暈弧（infralateral arc）來說，光從六角形柱狀底面進入，從側面離開時會進行分光。它們有時會形成大型的美麗虹色。

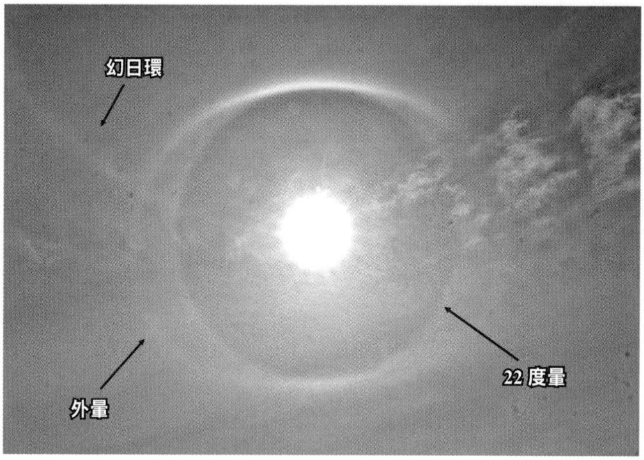

（上）圖3・43　除了上正切暈弧，還有暈和弧。2014年2月6日茨城縣筑波市。
（下）圖3・44　外暈與幻日環、22度暈。2016年4月9日岡山縣淺口市，岡山天文博物館・松岡友和先生提供。

lateral arc的形狀也會隨著太陽的高度而出現明顯變化。在圖3．33（142頁），上側正切弧形成與四十六度暈上端銜接的橢圓形，在太陽高度約二十五度時，會往旁邊延伸，當弧接近地平線時，光會宛如與四十六度暈的左右兩端相連般，呈縱向延伸。外側暈弧除了會形成圖中的形狀，當太陽高度上升時，還會形成與四十六度暈下端連接的橢圓形。

特別值得一提的是，上側正切弧在太陽很低時，外側暈弧在太陽很高時，會和四十六度暈重疊，難以分辨。不過，當環天頂弧、環地平弧和切弧同時出現時，便知道天空中有著長軸保持水平的六角形柱狀冰晶，便可以判斷不是四十六度暈，而是lateral arc。

圖說3．45　環天頂弧、上側正切弧與上正切暈弧。2016年1月2日茨城縣筑波市。

各種不同的弧

到目前為止我們已經看了許多弧，接下來要更進一步介紹更多冰與光的魔法。首先是**巴萊弧**（Parry arcs），它的形狀就像是在切弧蓋上蓋子，或是切弧與二十二度暈相銜接的尖銳V字型（圖3．46）。巴萊弧也是因長軸呈水平的六角形柱狀冰晶形成的，但還要加

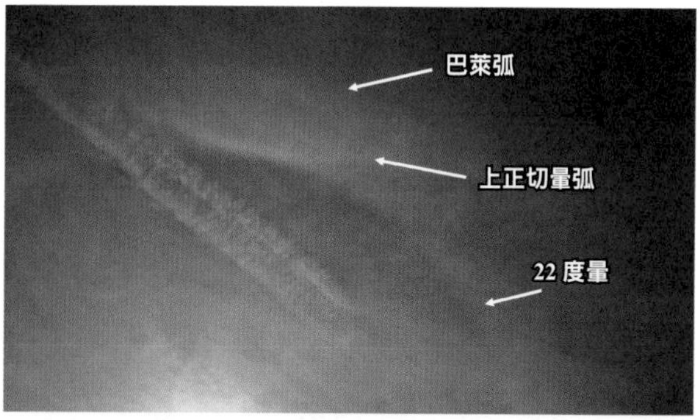

（上）圖 3・46　巴萊弧、上正切暈弧與 22 度暈。綾塚祐二先生提供。

（下）圖 3・47　除了羅氏弧，還有 22 度幻日、幻日環、22 度暈。2007 年 2 月 10 日芬蘭，賈瑞・盧歐馬內（Jari Luomanen）先生提供。

上側面也呈現水平這個要件，當光從冰晶某個側面進入，經折射後從側邊的第三個面離開（圖3・34，143頁）。巴萊弧也有上部和下部，分別是朝向太陽呈現凹狀的sunvex型，和朝向太陽呈凹狀的suncave型。因為形成的條件和切弧很類似，兩者很容易同時出現。

此外，當二十二度幻日稍微偏離二十二度的位置時，便會出現宛如往幻日、上下延伸的弧，稱為羅氏弧（Lowitz arcs）（圖3・47）。這種弧會在六角形片狀冰晶中讓通過六角型頂點的軸，進行水平旋轉的狀況下，從側面進入的光，經折射後，由第三個側面離開而形成，一如二十二度暈和幻日（圖3・34，143頁）。有些羅氏弧是幻日的上弧與下弧，有些則是與上下弧相連接的環狀。

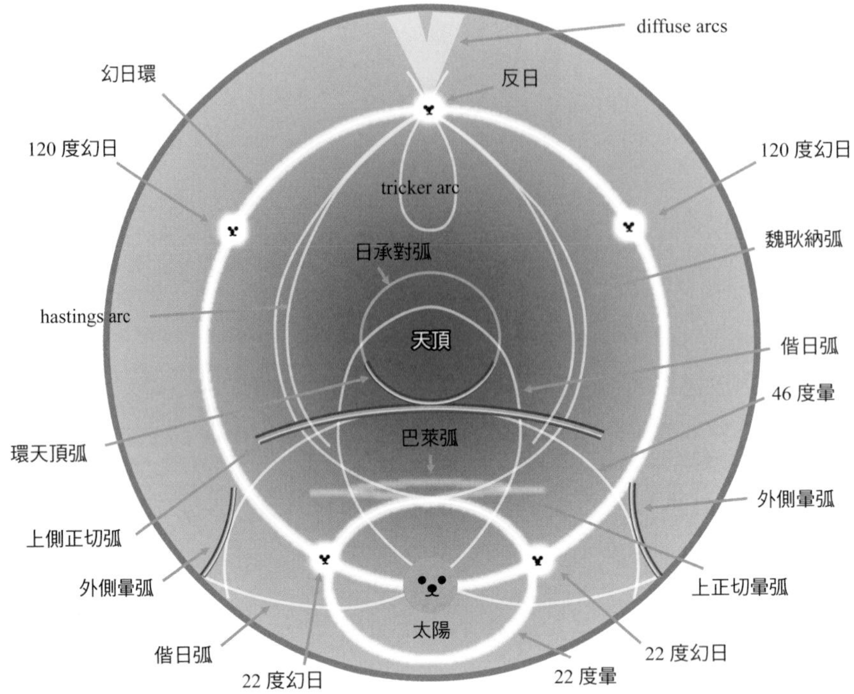
diffuse arcs
幻日環
反日
120 度幻日
120 度幻日
tricker arc
魏耿納弧
日承對弧
hastings arc
天頂
偕日弧
46 度暈
環天頂弧
巴萊弧
外側暈弧
上側正切弧
外側暈弧
上正切暈弧
太陽
偕日弧
22 度幻日
22 度幻日
22 度暈

圖3．48　各種弧的出現位置。

除此之外，還有許多冰與光的魔法，我將這些魔法的出現位置匯整在圖3．48。在與太陽同高的相對一八〇度處會出現名為**反日**（anthelion）的光點，宛如與反日相連的魏耿納弧（Wegener arc）、通稱為反日弧（anthelic arc）的hastings arc、tricker arc和diffuse arc（圖3．48）。另外，還有通過太陽的X字型偕日弧（heliac arc）以及天頂附近的日承對弧（kern arc）等光，要看到這些光的機率非常低，請大家把它們記下來，如果幸運遇到這些光，才不會錯過。

延伸到空中的光之柱——日柱與光柱

在太陽很低的日出與日落前後，有時可以看到從太陽往上、下延伸的**日柱**（sun pillar）（圖3・49）。這是由六角形片狀冰晶底面造成的光反射所形成，因為沒有折射，所以不會分光。當光像太陽光一樣平行而來，當上空有些微傾斜的冰晶時，其底面便會變成反射面，當冰晶傾斜愈大，日柱往上方延伸的部分就愈長。在太陽下方，光也會基於同樣原理進行延伸。另一方面，當來自路燈等點光源因底面呈水平的冰晶而反射時，名為**光柱**（light pillar）的柱形光線就會出現並往上方延伸。

圖3・49　日柱。2014年2月9日美國佛蒙特州。NOAA Photo Library 提供。

當上空有六角形樹枝狀冰晶時，就會出現形成日柱，所以在盛夏的關東地區經常可以看到日柱。不過，由街燈所形成光柱，則必須在地面附近的大氣最下層有六角形片狀冰晶時才會形成。在日本，冬季的日本海沿岸或北日本都可以觀測到。因為光柱會以光源本身的顏色形成柱狀，不進行分光，所以由

圖 3・50　光柱。2010 年 1 月 21 日芬蘭，賈瑞・盧歐馬內（Jari Luomanen）先生提供。

街燈光柱所形成的景色充滿許多幻想空間（圖 3・50）。打開手掌，將日柱和光柱一起拍下，便可欣賞到宛如魔法般的畫面。

3・4 夜空的光輝

高掛著月亮的天空

在夜空中，總是有著閃亮的星星與因月光而發亮的雲。事實上不只是白天，即使是夜晚，天空也非常美麗。在這個章節，我們要將焦點放在月亮，為大家介紹欣賞夜空的方法。

月的圓缺狀態稱為**月齡**，我們會以日為單位來表示從新月開始所經過的時間。月齡十三・九至十五・六稱為滿月。從新月開始，第七天（第二十三天）的上弦（下弦）月，可依據月亮落下時，弦是否在上（下）方來加以分辨。在日文中，依據從新月開始所經過的日數，月亮有三日月（第三天）或十六夜（第十六天）等名稱，美國原住民則根據不同的月份，替月亮取了Pink Moon（四月）與Strawberry Moon（六月）等美麗的名稱。雖然有著奇特名稱的月夜很容易受到注意，但在夜空中閃耀的月亮永遠有著不變的美感。

我特別推薦的是，月亮缺角的陰暗部分受到被地球反射的太陽光照射時，隱約可見的**地照**（earthshine）（圖3・51）。這種地照會因為包含新月在內的細長月亮（月齡二十七到三之間）而非常容易看見，我們可以盡情想像光在宇宙間穿梭的模樣。

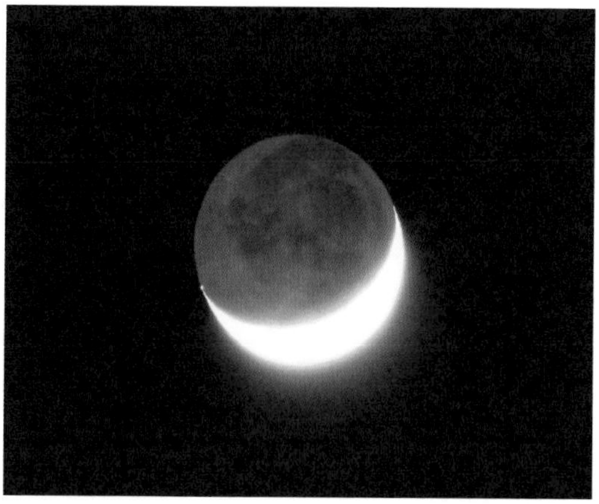

圖3・51　地照。2017年1月31日茨城縣筑波市。

此外，月面也非常有趣。月亮和地球一樣，有著火山口、海洋、海灣、山地等地名（圖3・52，158頁），海洋羅織的景象會被當成「月亮上的兔子」，用肉眼也可以看到。若使用望遠鏡，則可以清楚看見月亮表面的凹凸，美麗的亞平寧山脈、虹灣、上弦月有缺角時所呈現的月面X，以及月亮西緣附近的月面A，都很值得欣賞（圖3・53，158頁）。

月亮的表情變化

月亮會在一個晚上之內，讓我們看到閃耀白色光芒

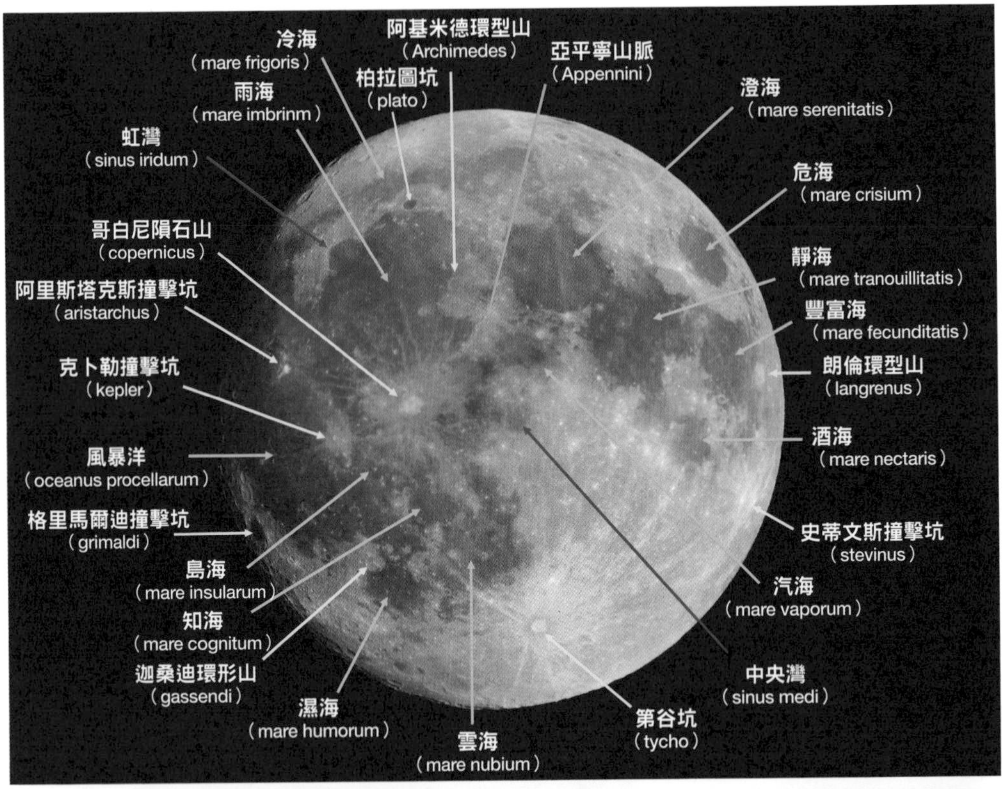
冷海
（mare frigoris）
阿基米德環型山
（Archimedes）
亞平寧山脈
（Appennini）
柏拉圖坑
（plato）
雨海
（mare imbrinm）
澄海
（mare serenitatis）
虹灣
（sinus iridum）
危海
（mare crisium）
哥白尼隕石山
（copernicus）
靜海
（mare tranouillitatis）
阿里斯塔克斯撞擊坑
（aristarchus）
豐富海
（mare fecunditatis）
朗倫環型山
（langrenus）
克卜勒撞擊坑
（kepler）
酒海
（mare nectaris）
風暴洋
（oceanus procellarum）
格里馬爾迪撞擊坑
（grimaldi）
史蒂文斯撞擊坑
（stevinus）
島海
（mare insularum）
汽海
（mare vaporum）
知海
（mare cognitum）
迦桑迪環形山
（gassendi）
中央灣
（sinus medi）
濕海
（mare humorum）
第谷坑
（tycho）
雲海
（mare nubium）

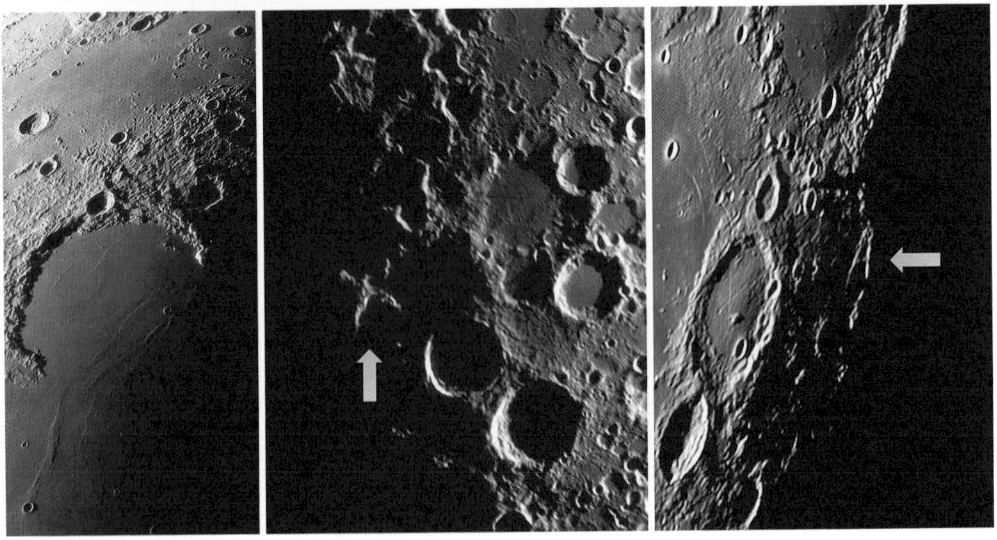

（上）圖 3・52　月球的主要地名。箭頭的顏色若為藍色，代表海灣，水藍色代表海洋，黃綠色代表山脈，黃色代表火山口。照片為 2017 年 10 月 4 日中秋之月，根據村井昭夫先生所拍攝的照片來添加註記。

（下）圖 3・53　虹灣（左：2017 年 8 月 17 日），月面 X（中：2016 年 8 月 15 日），月面 A（右：2017 年 8 月 27 日）。皆由村井昭夫先生提供。

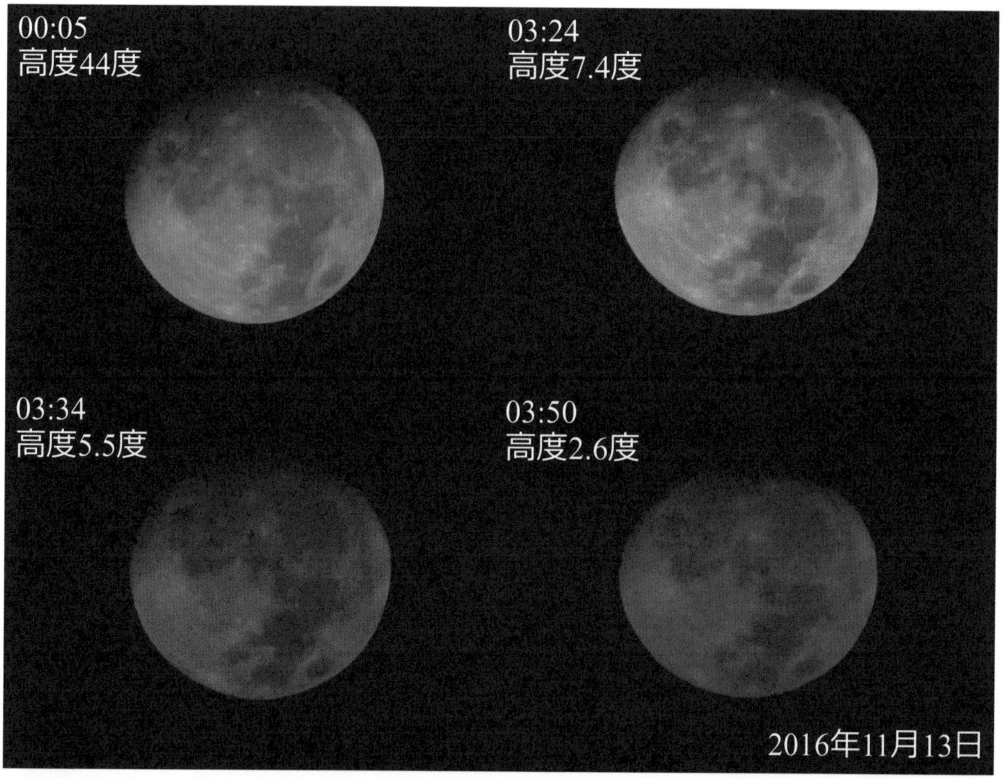
00:05
高度44度
03:24
高度7.4度
03:34
高度5.5度
03:50
高度2.6度
2016年11月13日

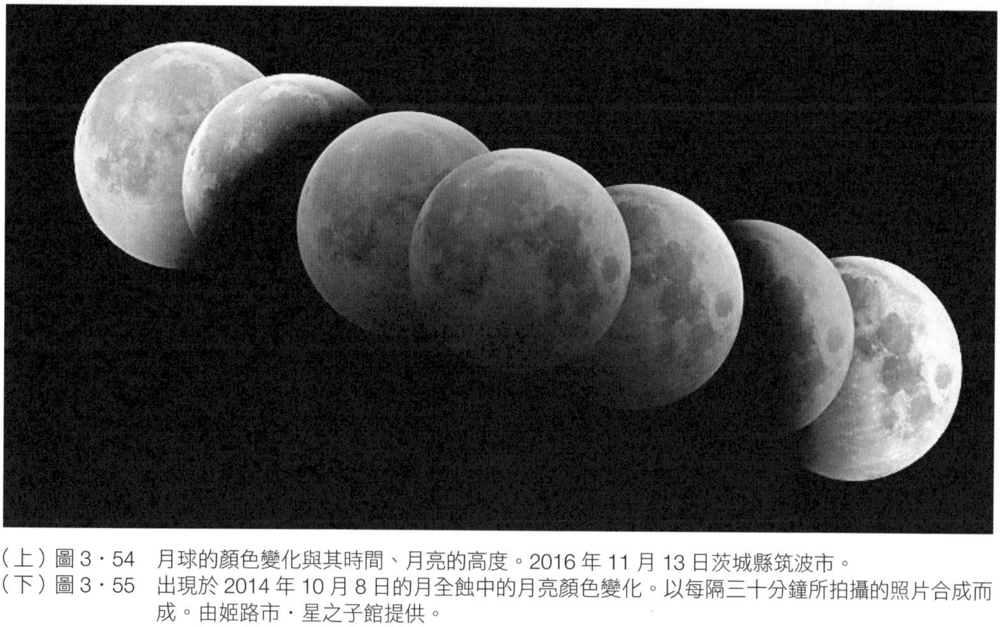

（上）圖 3・54　月球的顏色變化與其時間、月亮的高度。2016 年 11 月 13 日茨城縣筑波市。
（下）圖 3・55　出現於 2014 年 10 月 8 日的月全蝕中的月亮顏色變化。以每隔三十分鐘所拍攝的照片合成而成。由姬路市・星之子館提供。

或臉頰被染紅等各式各樣的表情（圖3・54，159頁）。這和紅棕色天空一樣，是因為通過大氣層之月光的瑞利散射所造成，若大氣中有很多氣膠，高度較低的月亮就會呈現深紅色。帶有紅色的月亮感覺總是有那麼一點神秘，但只要不是被雲擋住，不管哪一種月夜我們都可能遇上。

此外，在太陽、地球、月亮幾乎在一直線上時，會出現月全蝕（total lunar eclipse），此時月亮會被地球的影子覆蓋，呈現赤銅色（圖3・55，159頁）。這是通過地球大氣的太陽光在受到瑞利散射影響的同時，因大氣產生折射而抵達月球表面後，又被月球反射，照射到地球所形成的。抵達地球時，因為在大氣層受到瑞利散射的影響，若觀測場所附近有很多氣膠，就會呈現紅黑色。

月光所造成的大氣光象

因月光所形成的夜空色彩無比美麗。月亮只經歷了太陽光因月球表面而反射這個過程，也會出現如同太陽光的的大氣光象。

我最推薦的夜空色彩是**月華**（lunar corona），如果雲滴粒徑一致，便可看到美麗的光圈（圖3・56），即使雲滴的粒徑不同，也會呈現宛如宇宙星雲般的美麗色彩（圖3・57）。另外，二十二度暈的月暈（lunar halo）（圖3・58）、幻月、幻月環也非常值得推薦。

除此之外，還有和因月光而形成的彩虹（**月虹**，lunar rainbow），以及和日柱一樣因為六角形片狀冰晶而形成的**月柱**。亮度較強時，即使用手機也可以拍到，若是使用照相機，只要有足夠的曝光

（上）圖 3・56　月華。2017 年 8 月 31 日茨城縣筑波市。
（中）圖 3・57　月華。2016 年 12 月 16 日茨城縣筑波市。
（下）圖 3・58　月暈。2016 年 11 月 16 日山梨縣山中湖湖畔，Marimo 先生提供。

時間可以集中光線，便可以拍得很漂亮。請大家一定要好好欣賞因月光和雲所形成的夜之魔法。

3・5 因雷電而發亮的天空

天空的雷魔法——大氣電流現象

大家應該都有過這種經驗吧！當黑暗的天空被閃光包圍，發出如地鳴般的雷鳴，讓人感受到一股恐怖不安的氣氛，同時也有一種心跳加速的激動。這些在大氣中出現的電流相關現象，稱為**大氣**

電流現象。

在雷中只能看見光的是**閃電**，只能聽到聲音的是**雷鳴**，兩種都出現的稱為雷電。這些大氣電流現象乃是因為積雨雲中的電量（電荷）集中在局部區域，為了消除這種不均衡（中和）而進行放電進而形成。

這種雷放電分為**對地放電**（ground discharge）、**雲中放電**（intracloud discharge）和**空中放電**（air discharge）三種。**對地放電**就是所謂的**落雷**，是雲與地面之間的雷放電（圖3・59，第四章第四節，214頁）。在距雲超過數公里的地面也會發生這種對地放電，有時也會發生所謂的「晴天霹靂」。**雲中放電**是同一朵積雨雲內部或雲和雲之間的雷放電（圖3・60）。在積雨雲的砧座下方進行水平並擴散分布的放電稱為anvil crawler。**空中放電**是雲對大氣的雷放電，這種雷也具有分枝構造。

我們看到的雷放電，指的是大量的電在微小的數公分路徑中流動。放電時，因為這路徑的空氣瞬間被加熱至三萬℃，空氣急速膨脹，馬上讓周圍的空氣冷卻、壓縮。這種空氣的膨脹、壓縮會造成大氣的震動，形成**音波**的就會變成雷鳴。音速為每秒三百四十公尺，當感受到以光速傳遞的電光之後，計算聽見雷鳴所需的時間（秒數），再乘以三百四十後所算出的距離（公尺），代表隨著積雨雲而出現的雷放電就是發生在這個距離之外。

雲內電荷的不平均，乃是將電荷分為正極與負極的**電荷分離**（separation of charge）所造成。積雨雲內的上升氣流、雲與降水粒子的落下速度不同，大小不同的粒子在雲的上下移動，便會造成電荷分離。粒子帶電的過程有好幾種，包括帶著大氣中電荷的原子（離子）吸附在雲滴上、冰晶之間的撞擊或分裂、水滴的凍結・融解・分裂、一個冰晶內的溫度不平均、霰的融解・結冰等。

此外，放電現象中也會發生**球狀閃電**這種呈現暖色系或金屬光澤的十至二十公分發光體在空中浮游的現象。球狀閃電會緩慢在空中移動，消失時會伴隨著很大的爆炸聲。除此之外，還有雷雨或大雪、強風時，電線、船隻的船桅或機翼往大氣中放電的**聖艾爾摩之火**（St. Elmo's fire）。

（上）圖3・59　對地放電。2013年8月12日神奈川縣橫濱市。高木育生先生提供。
（下）圖3・60　雲中放電。2014年8月1日神奈川縣橫濱市。高木育生先生提供。

高空中的亮光——超高層放電

發生雷放電時，從平流層到增溫層會發生名為**超高層放電**的發光現象，其中包含藍色噴流（blue jet）、紅色精靈（red sprites）或淘氣精靈（elves）等各種不同的面貌（圖3・61，164頁）。

藍色噴流從雷雲的雲頂延伸到高四十至五十公里的平流層，

圖 3・61　衛星觀測到的超高層放電。從上到下依序是紅色精靈、巨大噴流、淘氣精靈。經台灣國家太空中心・國立成功大學 ISUAL（Imager of Sprites and Upper Atmos pheric Lightnings）團隊同意，由足立透先生提供。

是會發出藍色光線的發光現象。比藍色噴流來得暗，延伸到二十公里高的是**藍色啟動器**（blue starters），在高八十公里處則有**巨大噴流**（gigantic jet），會在不到一秒的時間內發出光亮。**紅色精靈**是會達到九十公里高的紅色圓柱狀發光現象，持續時間約數毫秒到數秒，因夏季雷雲而引發的對地放電中，約有一%的機率會發生這種現象。

此外，**淘氣精靈**是散布在中氣層上部到增溫層下部的紅色環狀發光現象，有時會往水平方向延伸至直徑四百公里，只能持續不到〇・〇〇一秒。亮度也很低，若非使用高感度相機，很難進行觀測。

近幾年，日本全國高中都在進行紅色精靈和淘氣精靈的觀測，並透過同時觀測分析淘氣精靈的出現高度。在路燈很少的地區可能可以進行觀測，雷迷們不妨試著挑戰看看。

圖 3・62　極光。南極昭和基地，藤原宏章先生提供。

在夜空中閃耀的極光

夜空中閃耀的極光總是讓許多人非常著迷。**極光**原本是在高緯度地區可以見到的狀如窗簾的發光現象（圖 3・62）。它會往水平方向延伸至數千公里，高度從一百到三、五百公里。

極光發生在從太陽吹來的超高溫電離粒子（荷電粒子）流（**太陽風**）入侵地球的磁場（**地磁場**）時。一般來說，地磁場會保護地球，防止受到宇宙線或放射線等粒子的傷害，但是當太陽風吹來時，荷電粒子會從地球夜側磁場的空隙進入。擁有高能量的荷電粒子進入地球的超高層大氣時，會撞擊氧原子或氮分子的離子，並給予能量。這些氧原子或氮分子要回到原有狀態時所發出的光就是極光的成因之一。在高一百五十公里以上的低密度大氣中，氧原子會形成紅色的光，高一百至一百五十公里的高密度大氣中，氧原子會形成綠色或綠白色的光，高一百公里附近，會出現氮原子所形成的紅色或藍色光。

當伴隨著來自太陽之大量荷電粒子的大規模太陽風出現後幾天，地磁會從平常的狀態開始出現變化、混亂，形成所謂**磁暴**（magnetic storm）狀態。這個時候很容易出現極光，在日本北海道等北日本地區出現過許多觀測案例。像這種較低緯度的極光，因為是強烈磁暴所造成，大部分會呈現高空氧原子所形成的紅色。平安．鎌倉時代的詩人藤原定家在《明月記》中記載的一二〇四年二至三月在京都發生的「紅氣」，也是太陽異常活潑所形成的極光。事實上，現在也有專門前往欣賞全球極光的旅行團，大家或許也可以透過這些活動去見見極光。

3．6 髒汙的天空也很可愛

天空的土魔法——塵象

為了加深對天空和雲的喜愛，我們必須了解天空的各種表情。也因此，在這個章節，我們要把重點放在髒汙的天空。在幾乎不含固體或液體水的狀態下，因大氣中的氣膠而讓能見度惡化的現象稱為**塵象**（lithometeor）。

會造成能見度惡化的現象，除了塵象之外，還有霧。霧是浮游於大氣中的水滴，它會讓能見度少於一公里，而讓能見度更加惡化則稱為**濃霧**（第四章第二節，183頁）。相對於此，天空因浮游在大氣中的小水滴或吸水性氣膠而變白，能見度在一公里以上、不到十公里的狀態稱為**靄**（mist）。也因此，霧的濕度接近一〇〇%，靄的濕度雖然超過七五%，但尚未接近一〇〇%。

塵象出現時，大氣中幾乎不含液體水，而且也和大氣濕度無關。塵象包括煙霧、煙、黃沙、灰降（ash fall）、風塵（wind-blown dust）、沙塵、塵暴、沙暴、塵捲風（dust devil）等各種不同的類別，以下一一介紹。

圖3・63　霾。2017年2月7日茨城縣筑波市。

霞的真面目——霾與煙

春天時，空中有時會因為出現了霞而帶有白色。因為大氣中的氣膠，天空看起來有點混濁，呈現乳白色時，稱為**霾**（haze）（圖3・63）。當霾出現時，能見度幾乎都不到十公里，濕度則不到七五%。形成霾的氣膠主要來自工廠或汽車所排放的廢氣、從地面揚起的沙、土壤粒子、火災形成的煙等等。在大氣環境的領域，多半以PM2・5

（微小粒子狀物質）來進行討論，它泛指所有直徑二・五微米（〇・〇〇二五公釐）以下的氣膠。因為土壤粒子，導致能見度不到十公里的狀態稱為塵霾（dust-haze），會讓天空呈現如沙一般茶色。

火災時，排放到大氣中的燃燒物質稱為**煙**（smoke）。煙出現時，天空會變成灰色或帶著些許紅色，朝陽或夕陽也會染成深紅色。煙的來源不只是日本國內，在俄羅斯發生大規模火山爆發時，煙有時會隨著上空的風飄散到日本（圖3・64）。在低緯度的沖繩等地，也會飄來伴隨著印度等地的大規模森林火災所產生的粒子。

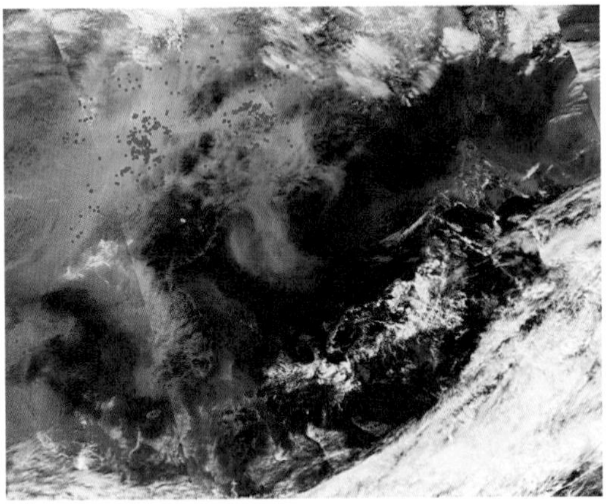

圖3・64　從大陸飄出的煙。紅點是衛星 Terra・Aqua 所推測的熱源。2015年11月3日，NASA EOSDIS worldview 的 Aqua 衛星所拍攝之可視影像。

此外，從工廠排出的廢氣等明顯由人工衍生氣膠形成的則是**煙霧**（smog）。在夏天，風勢微弱、氣溫因晴朗而上升的日子，就會發生**光化學煙霧**（photo-chemical smog）。這是由大氣中的碳氫化合物與氮氧化物的光化學反應，造成地表附近的光化學氧化物濃度提高所引發的現象，會對人體與動植物造成負面影響。在日本關東地區與九州北部特別容易發生，在預測到可能出現光化學煙霧時，日本氣象廳便會發出霾的相關氣象情報，要求民眾注意。建議大家此時要戴上口罩，並將換洗衣物收置在屋裡曬乾。

瀰漫飛沙的天空

在空氣乾燥、風勢強勁的冬季太平洋沿岸，有時會從稻田吹起一陣土壤粒子或沙子。這種只在地面附近造成短暫能見度惡化的現象稱為**風塵**，大量顆粒比土壤粒子還大的沙被捲起的現象稱為**沙塵**。風塵和沙塵又各自分成兩類：和大人視線同高（地上一．八公尺），對能見度沒有影響的「低吹塵」（drifting dust），以及對能見度會造成影響的「高吹塵」（blowing dust）（圖3．65，170頁）。

因為強風，風塵或沙塵的規模變大，高度達到數公里時，稱為**沙塵暴**（dust storm）或**沙暴**（sand storm）。這些現象的規模甚至可水平延伸至數千公里，有時還可將伴隨著低氣壓出現的風的流動可視化（圖3．66，170頁）。當鋒通過時，若沙塵暴發生在局部地區，在界線有時會出現沙牆。在乾燥或半乾燥地區，引起沙塵暴或沙暴的強風稱為**哈布風**（haboob）。

站在風塵或沙塵暴中，沙子會拚命地往臉上吹來。除了疼痛，也張不開眼睛，有時沙子也會跑進相機內部，曬在戶外的換洗衣物也會沾滿沙子。在因晴朗而乾燥且風勢強勁的日子裡，特別是附近有稻田或裸地時，要特別注意風塵和沙塵暴。

越過大海而來的黃沙

堪稱春季典型塵象的就是**黃沙**（yellow sand）。當中國的塔克拉瑪干沙漠、戈壁沙漠和黃土高原等沙漠及乾燥地區所發生的沙塵暴或沙暴，往上吹捲至大氣上層，沙塵飄落至地面的現象稱為黃

（上）圖3・65　高吹塵。2013年3月13日茨城縣筑西市。青木豐先生提供。
（下）圖3・66　沙塵暴。2016年6月27日撒哈拉沙漠，NASA EOSDIS worldview的索米國家極地軌道夥伴衛星所拍攝之可視影像。

沙（圖3・67）。出現黃沙時，天空會變成黃褐色，地面也會堆滿沙塵。黃沙不只會造成能見度惡化、影響交通，也是讓曬在屋外的換洗衣物或車子變髒的原因。除了春天，秋天時也會有黃沙出現。

黃沙發生時，除了沙塵，硫磺氧化物、氮氧化物等大氣汙染物質，以及土壤中的菌類（細菌）和黴也會一起飛過來，因此會讓過敏性鼻炎或花粉症惡化，也會對呼吸器官造成不好的影響。日本氣象廳會針對黃沙觀測狀況及預測發出通知，建議大家善用情報，戴上口罩，或是尋找適當的時機再洗滌衣物或車子。

塵捲風與火災旋風

我們經常可以在新聞上看到，晴朗的日子，沙塵在運動場等地形成漩渦，吹走帳篷，這就是**塵**

圖3・67　飛到北日本的黃沙。NASA EOSDIS worldview 的 Terra 衛星所拍攝的可視影像。

捲風（圖3・68，172頁）。

就外表看來，塵捲風和龍捲風很像，但發生的原因截然不同。龍捲風的主要原因多半是積雨雲所產生的上升氣流將下層的漩渦拉長（第四章第四節，214頁）。白天地表溫度上升，變熱又變輕的空氣會形成上升氣流，而因風的收束所形成的地上小漩渦會因為這股上升氣流而延伸、變強，進而形成塵捲風。至於壽命，長的話可達數分鐘，漩渦的旋轉方向有順時針，也有逆時針。

大規模的原野火災或森林火災，會在同樣的機制下，形成名為**火災旋風**的煙或灰的漩渦（圖3・69，172頁）。火災旋風俗稱「Firenado」，有時會隨著火災，持續超過一個小時。在報告中也曾有過地震或空襲所造成的都市地區大範圍火災時出現火災旋風。

如果是極小規模的塵捲風，就算進入其中也沒關係，但若規模很大，就會發生危險。因為火災旋風非常危險，如果看到了也請千萬不要靠近。若真的很想看看火災旋風，建議參加每年三月在日本栃木縣的渡良瀨遊水地舉行的Yoshiyaki（ヨシ焼き）等大規模野燒活動，遠遠地欣賞漩渦就好了。

（上）圖3・68　塵捲風。2011年7月19日美國奧克拉荷馬州，伊藤純至先生提供。
（下）圖3・69　火災旋風。2017年3月18日栃木縣小山市，青木豊先生提供。

第4章

解讀雲的心思

解說影片

影片資料

4・1 透過雲而造成的氣流可視化

伴隨著氣流橫越山脈的雲

基本上，雲是很老實的，它們會很努力的告訴我們大氣的狀態與轉變。相較於觀天望氣，聆聽雲的聲音更能事先知道天氣的驟變。因此在本章，我將介紹更多的知識，幫助大家了解雲的內心。

根據大氣的狀況，在山上會出現各式各樣的雲。當大氣狀態不穩定時，會因為山坡地所造成的強制上升或已升溫斜面的影響，產生上升氣流，形成積雲。在大氣狀態比較穩定時，會出現越山氣流。這個時候，若上空的風很強，山頂附近那宛如為山戴上斗笠一般的**笠雲**（cap cloud，又稱帽狀雲，）（圖4・1），就會朝向山的背風面形成拖曳延長狀的旗狀雲（banner cloud）（圖4・2），而遠離山脈的地方則是會形成讓人聯想到飛碟或天空之城的**吊雲**（莢狀高積雲等）（圖4・3）。

笠雲會因為越山氣流這股沿著山坡斜面流動的空氣而形成，它們會不斷在上升流域形成，並在下降流域消失（圖4・4，176頁）。此外，如果山的上空有著穩定層（宛如空氣蓋著蓋子一般），越山氣流也會移動到背風面，形成名為**背風波**（lee wave）的大氣震動。背風波也會抵達上空，形成上升氣流和下降氣流的組合，創造出吊雲。當在吊雲內成長的雲粒形成旛狀雲後，背風波就會被可視化（圖4・5，176頁）。

富士山長久一來都是欣賞笠雲和吊雲的知名景點，自古以來便有著「山頂蓋著一頂斗笠雲是下雨的徵兆」、「斷斷續續往東移動的波形笠雲則是風雨的徵兆」。因為日本海有溫帶氣旋（**日本海低氣壓**），在冷鋒經過前，很容易形成富士山的笠雲與吊雲，所以這樣的雲通常會被視為惡劣天候的前兆。

富士山的笠雲和吊雲分別有二十與十二種（圖4・6、圖4・7，177頁），若各位看到它

（上）圖4・1　在富士山形成的笠雲。2017年9月18日，山梨縣富士吉田市。Marimo先生提供。

（中）圖4・2　旗狀雲。2014年10月30日瑞士與義大利國境的馬特洪峰。大澤晶先生提供。

（下）圖4・3　吊雲（莢狀高積雲）。2012年3月30日長野縣車山山頂。下平義明先生提供。

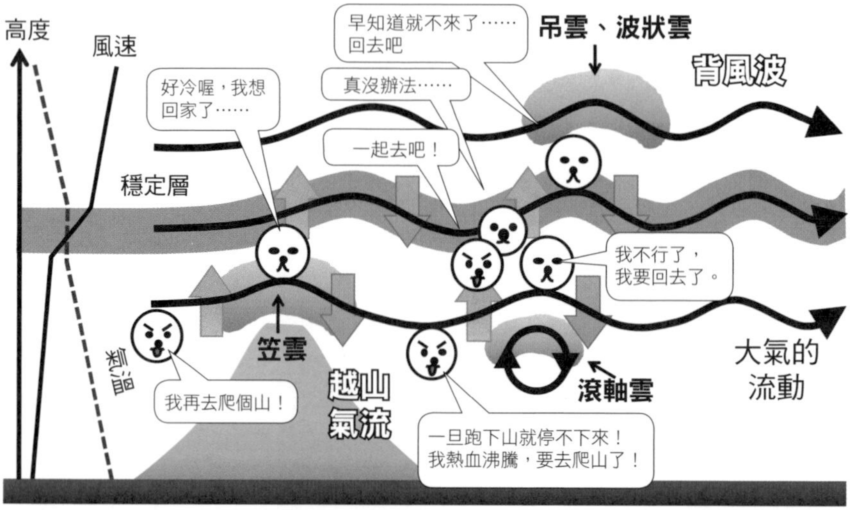

（上）圖 4・4　越山氣流與伴隨氣流形成的雲。
（下）圖 4・5　讓我們可以看見背風波的吊雲。2007 年 10 月 31 日長野縣，下平義明先生提供。

們，請試著辨別它們屬於哪一種。

此外，在高度約與山頂相同的背風波下部，會因上升氣流與下降氣流間的大氣流動而生成（圖 4・4）滾軸雲（rotor cloud，圖 4・8，178 頁）。這種雲不只會呈現橫向長長延伸的卷滾狀，也會形成球狀，是種漂亮的雲。

笠雲與吊雲也會因山脈而形成，因伴

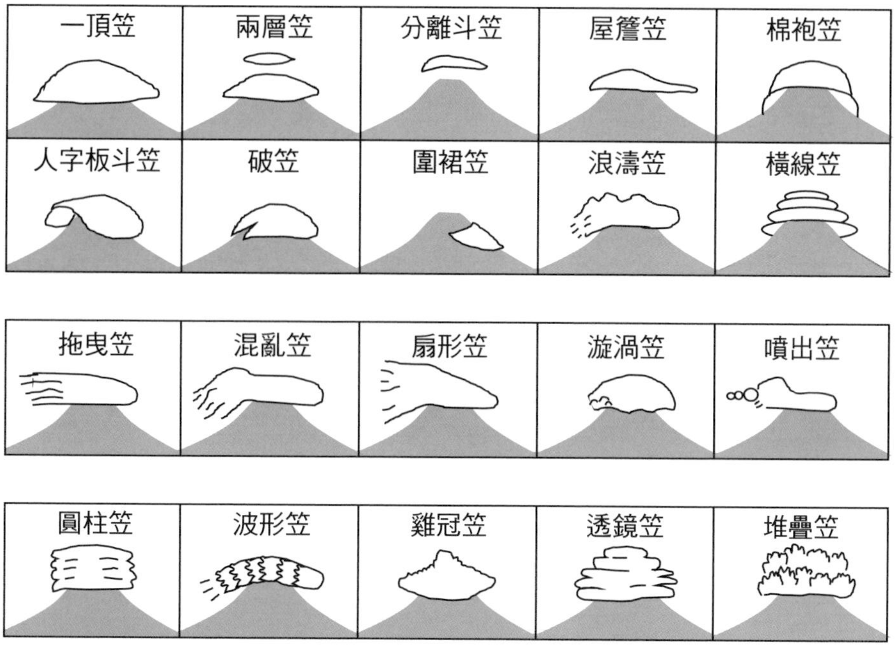
一頂笠
兩層笠
分離斗笠
屋簷笠
棉袍笠
人字板斗笠
破笠
圍裙笠
浪濤笠
橫線笠
拖曳笠
混亂笠
扇形笠
漩渦笠
噴出笠
圓柱笠
波形笠
雞冠笠
透鏡笠
堆疊笠

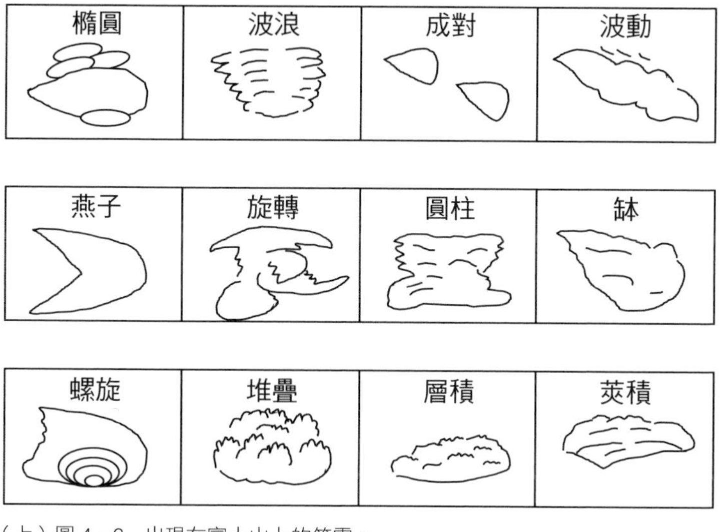
橢圓
波浪
成對
波動
燕子
旋轉
圓柱
缽
螺旋
堆疊
層積
莢積

（上）圖4・6　出現在富士山上的笠雲。
（下）圖4・7　出現在富士山周邊的吊雲。

（上）圖4・8　2016年12月4日出現在神奈川縣湘南台的滾軸雲。橫手典子小姐提供。
（下）圖4・9　波狀雲。2017年1月1日，NASA EOSDIS worldview的Aqua所拍攝之可視影像。

隨著山脈出現的背風波而形成的吊雲會成為**波狀雲**，在冬型的氣壓分布下，經常可以在太平洋沿岸地區看到（圖4・9）。如果氣壓分布不改變，山上會持續形成背風波，伴隨著背風波的上升氣流和下降氣流位置幾乎不會改變，因此會持續停滯在與波狀雲一樣的位置（影片4・1）。此外，當山脈迎風面的大氣下層有穩定的雲層時，若雲以山谷為中心，隨著越過山脈的氣流而下降、蒸發，便可看到名為**瀑布雲**的美麗雲朵與山景（圖4・10）。

有時也會因為背風波而會形成卷雲，稱為**地形性卷雲**（圖4・11，影片4・2）。當山脈上空有著穩定層，上空風向幾乎維持不變的情況下，背風波抵達上層時就會形成地形性卷雲。地形性卷雲特別容易出現在冬季的日本東北地方或朝鮮半島。因為非常濃密，也會形成陰天，事實上至今仍

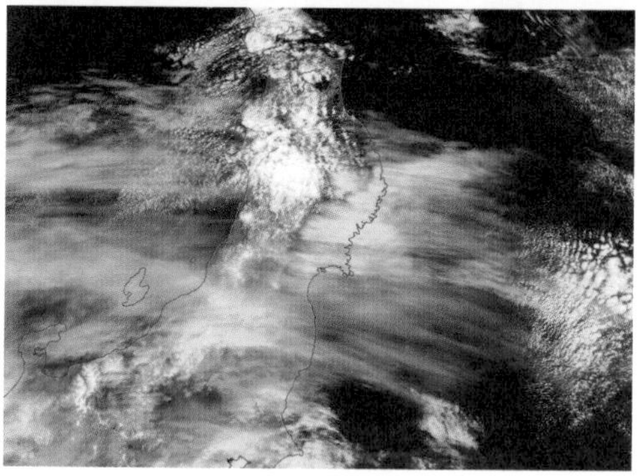

（上）圖 4・10　瀑布雲。2015 年 1 月 1 日山梨縣河口湖。和田光明先生提供。

（下）圖 4・11　地形性卷雲。2016 年 3 月 16 日，NASA EOSDIS worldview 的 Aqua 所拍攝之可視影像。

是難以預測的現象之一。

這些地形雲會在越山氣流或背風波等固定氣流中不斷形成又消失，看起來就像是停留在該處的雲。相異於其穩定的外表，在那些雲裡面，有著大量雲粒在很短的時間內不斷重複榮枯盛衰的壯觀場面。此外，笠雲與吊雲的平滑是上空風勢強勁的證據，因為這些雲有時也會引起暴風雨，登山的人要特別注意。

讓人心頭發癢的卡門渦街

雲對漩渦迷們是不可或缺的存在，因為雲可以讓我們清楚看見漩渦的流動。而讓漩渦迷特別感到欣喜漩渦之一就是**卡門渦街**（Kármán's vortex street）。

在日本附近，冬天時在韓國濟州島和鹿兒島縣屋久島形成的卡門渦街非常有名，是冬天的常見景象（圖4・12，影片4・3）。如果是西高東低的冬型氣壓分布，下層便會吹出來自大陸偏西北方的冷風。若這個下層氣流的厚度比各島山頂還要薄，氣流就會流入濟州島或屋久島，形成順時針或逆時針方向的渦街，我們可以透過雲清楚看到這些渦街。這些漩渦的直徑約二十至六十公里，可以透過衛星觀測來欣賞。

事實上，除了冬天之外，卡門渦街也會出現在北海道的利尻島（圖4・13）。利尻島之所以容易出現渦街，乃是因為當有來自鄂霍次克海高氣壓的冰冷氣流時，若條件齊備，擁有孤立高山的島嶼到處都可能出現渦街。請大家務必透過衛星影像努力尋找漩渦，發現後再一起仔細觀察。

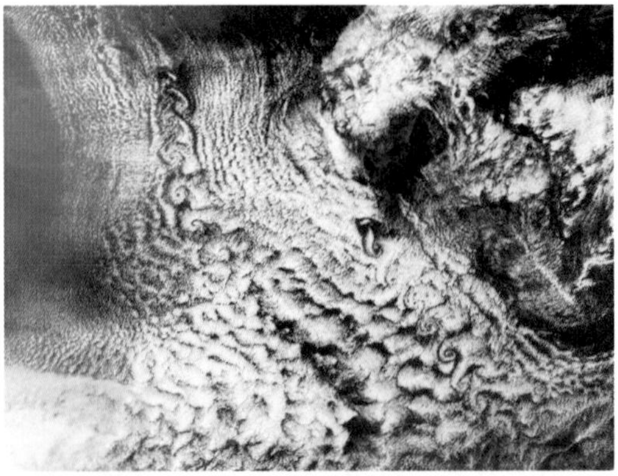

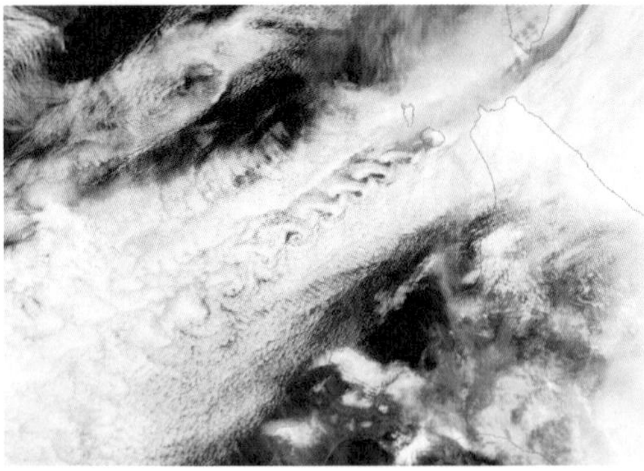

（上）圖4・12　在濟州島與屋久島出現的卡門渦街。2016年2月25日 NASA EOSDIS worldview 的Aqua所拍攝之可視影像。

（下）圖4・13　出現在北海道利尻島的卡門渦街。2012年5月11日，NASA EOSDIS worldview 的Aqua所拍攝之可視影像。

圖4・14　海浪雲。2015年1月8日東京都練馬區，氣象新聞公司提供。

克耳文・亥姆霍茲不穩定性雲——海浪雲

雲有時會呈現出滾動般的模樣，讓我們看到如夢似幻的景色（圖4・14）。這是副型之一的海浪雲（fluctus），又稱克耳文・亥姆霍茲不穩定性波狀雲。

所謂**克耳文・亥姆霍茲不穩定性**（Kelvin-Helmholtz instability），指的是密度不同的雲層上下銜接，當各層的流體速度有差異時所產生的不穩定性。有層狀雲時，其上部很容易出現這種狀況，層積雲、層雲和卷積雲等都可能出現海浪雲。因為這種不穩定短時間內便會消失，所以海浪雲的壽命只有幾分鐘至幾十分鐘。若有機會看見，請馬上把它拍下來，並欣賞它隨著時間變化的美麗造型。

在空中滾動的糙面雲

在雲底滾動的雲稱為糙面雲（asperitas），以前常被稱為波狀粗糙雲（undulatus asperatus）（圖4・15，182頁），二〇一七年國際雲圖將它正式命名為糙面雲，為副型之一，這種雲不僅充滿活力也非常漂亮。

糙面雲的波狀並不像一般波狀雲般呈水平排列，它屬於不均勻的滾動。宛如從海中仰望的海面一般，糙面雲非常平滑，偶爾會出現尖尖的構造。這是會出現在層積雲與高積雲雲底的副型之一，有人認為這是把雲底伴隨著附近降水現象而出現的大氣重力波可視化的結果。

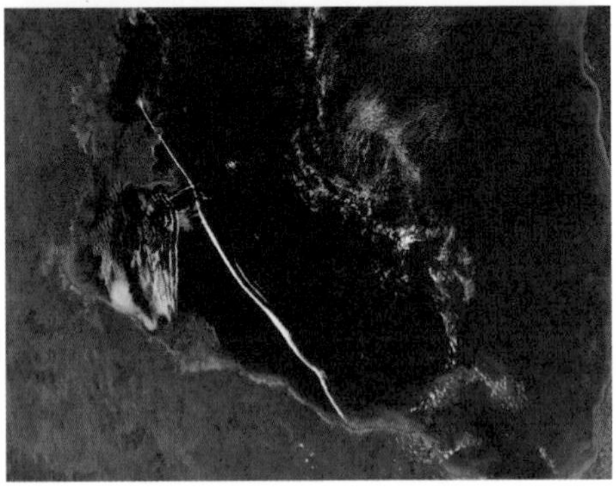

圖 4・15　糙面雲。2012 年 6 月 18 日岡山縣倉敷市，倉敷科學中心・三島和久先生提供。
圖 4・16　陣晨風雲。2012 年 9 月 5 日澳洲卡奔塔利亞灣，NASA EOSDIS worldview 的 Terra 所拍攝之可視影像。

陣晨風雲

晨輝（morning glory）會出現在澳洲北部卡奔塔利亞灣等地的乾季尾聲（八至九月）早晨，它是條長長延伸的強烈風切線，出現在這條風切線上的巨大卷滾狀雲稱為陣晨風雲（morning glory cloud）（圖 4・16）。

晨輝風切主要是伴隨**海陸風**所形成的鋒面而出現。因為海洋與陸地的熱容量不同，陸地比大海容易變溫或變冷，因此白天時陸地溫度變高、空氣變輕，所以氣壓下降，風會從大海吹向大陸，稱為**海風**。相反的，夜晚時風會從陸地吹向海洋，稱為**陸風**，在這些風的邊界上，在陸地會形成**海風鋒**（sea breeze front），在海上會形成**陸風鋒**（land breeze front），而這些海風鋒和陸風鋒則會形成晨暉風切。

陣晨風雲高達數公里，可能單獨出現，也可能許多雲並列。因為這種雲是以水平軸為中心旋轉的卷滾狀雲，有大範圍的上升氣流域，深受滑翔翼玩家的喜愛。在日本國內，曾有人在新潟縣與石川縣等地的海面上，看到由海陸風造成的巨大卷滾狀雲。

4．2 雲所傳遞的大氣心情

從雲裡長出的尾巴——旛狀雲

有的時候，雲會長出可愛的尾巴。這是副型之一的旛狀雲，從雲中落下的水滴或冰粒成為降水，到達地面前便蒸發、形成條狀。

這些雲會出現在卷積雲、高積雲、雨層雲、層積雲、積雲和積雨雲中。旛狀雲之所以會狀似鉤子原因有二，第一、由於上空的垂直風切被吹往側邊的距離會因高度不同而改變，第二、在雲的尾端附近，降水粒子蒸發時，不管是粒徑或落下速度都很小，所以很容易就被吹往側邊。

卷積雲和高積雲等中、高層雲由過冷雲滴形成，經常因為某種原因，在雲內形成的冰晶快速成長，形成旛狀雲（圖4・17）。這種旛狀雲真實展現了雲內粒子的相變，我們可以開心想像粒子們相互傳遞熱能的模樣。

此外，像旛狀雲一樣，當降水粒子從雲落下、到達地面時也會出現副型之一的**降水狀雲**（圖4・18）。除了高層雲和雨層雲之外，降水狀雲也會出現在所有的低雲中。伴隨著降水狀雲，雲底附近有時還會出現副型之一的**破片狀雲**。晴天的日子，來自局部地區發達之積雲的降水狀雲，有時

（上）圖4・17　旛狀雲。2015年8月11日茨城縣筑波市。
（下）圖4・18　降水狀雲。2017年8月1日沖繩縣那霸市，岡田敏先生提供。

會有虹出現。但是，來自發達積雨雲，局部地區出現大雨時，也可以看見降水狀雲。降水量愈大，降水狀雲的顏色就愈深，必須注意。

凝結尾與消散性凝結尾

在藍天中長長延伸的凝結尾總是會特別吸引我們的目光。在晨昏的天空中，被染成紅棕色的凝結尾就像掃把星一樣（影片4．4），有人甚至會好奇地到天文台詢問。凝結尾被分類為以人工生成雲為衍生雲及轉化雲的卷雲，常出現在上空潮濕的時候。因此我們可以根據是否有凝結尾，以及雲是否可以持續成長，來判斷上空的濕度。

仔細觀察凝結尾，可以發現隨著飛機種類或上空濕度的不同，雲形成的方法也不一樣（圖4．19，186頁）。根據飛機引擎的數量，凝結尾可能呈兩道、三道或四道排列，當上空非常潮濕時便會有均勻的雲從機翼出現（圖4．19下）。

凝結尾發生於上空的低溫環境中。當空氣被飛機引擎吸入時，受到壓縮，經過燃燒，成為三百至六百℃的高溫廢氣被排放出來後，與周圍的空氣混合而急速冷卻所形成。此外，當飛機機翼後側會出現氣漩，有一部分的氣壓和氣溫會降低。基於這些因素，受到冷卻的飛機廢氣扮演雲凝結核的角色，形成過冷雲滴，之後又形成冰晶核，冰晶的凝結尾便由此而生。凝結尾之所以可以形成漂亮的兩到四道，主要是因為引擎的熱與所排放的廢氣，而凝結尾之所以可以均勻地從機翼排出，主要

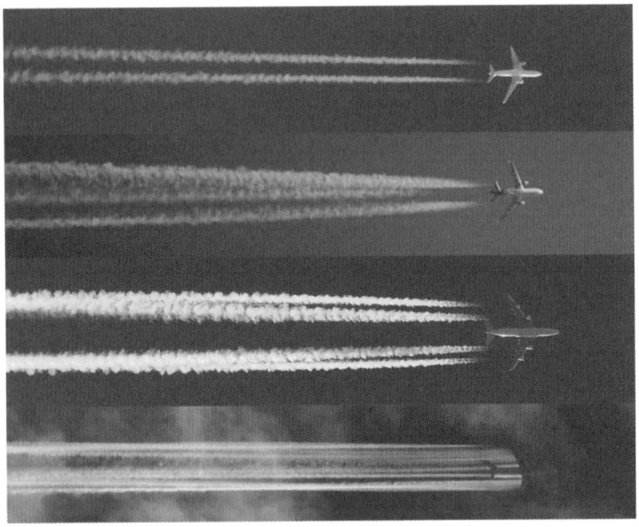

圖4・19 各式各樣的凝結尾。由上而下，依序是由有著兩顆、三顆、四顆引擎的機體所形成的凝結尾。最下面的是在潮濕環境下，於機翼後方所出現的幾乎相同的凝結尾。由高梨香小姐提供的照片彙整而成。

原因就是機翼後方的氣壓降低。因為凝結尾出現後，過冷雲滴就會形成雲，所以可以看見彩雲（圖4・20）。

此外，部分因機體經過導致空氣混亂所形成的凝結尾會形成環狀，且當上空非常潮濕時，形成凝結尾的冰晶就會昇華成長，轉變成茂盛的卷雲（圖4・21）。它們會隨著上空的風而飄移，展現多姿多采的樣貌。

另一方面，也有與凝結尾相反，雲沿著飛機航路慢慢消失的**消散性凝結尾**（圖4・22）。這可能是飛機通過雲層時，因為雲和高溫廢氣及乾燥空氣互相混合而蒸發，或是因為過冷水雲內的冰晶成長，造成過冷雲滴蒸發而形成。

消散性凝結尾與凝結尾的影子非常容易混淆，特別是有卷積雲時，因其上空有凝結尾影子，看起來就像消散性凝結尾一樣（圖4・23）。這個時候，首先要確認附近的凝結尾和太陽的關係位

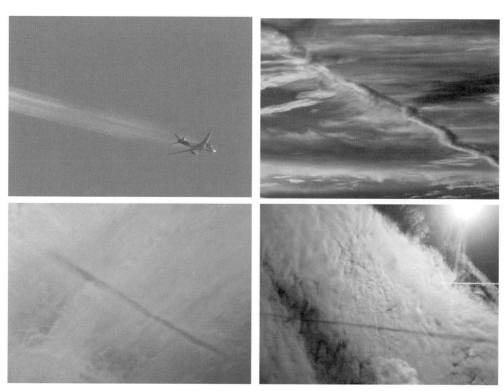

（左上）圖 4・20　出現在凝結尾中的彩雲。2017 年 2 月 8 日東京都町田市，蜜雪兒小姐提供。
（右上）圖 4・21　從凝結尾轉化而成的卷雲。2016 年 10 月 30 日茨城縣筑波市。
（左下）圖 4・22　消散性凝結尾。2017 年 4 月 29 日茨城縣筑波市。
（右下）圖 4・23　凝結尾的影子。2017 年 5 月 7 日福井縣大野市，二村千津子小姐提供。

置。如果太陽和凝結尾、薄雲上所形成的黑色線條依序呈平行排列，就能斷定是凝結尾的影子。

在水與冰的夾縫間——穿洞雲

有時，飄散在空中的雲會出現破洞，這便是副型之一的穿洞雲（cavum，hole punch cloud），它會出現在卷積雲、高積雲和層積雲中。這種雲特別容易出現在已經成為過冷水雲的卷積雲中。

穿洞雲的形成過程和

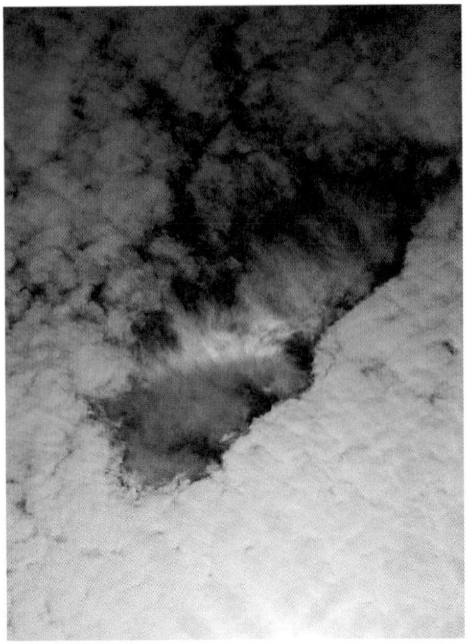

圖4・24　穿洞雲與暈。2017年10月5日東京都，氣象新聞公司提供。

旛狀雲及消散性凝結尾一樣，當過冷水雲中有冰晶形成時，冰晶在成長過程中會消耗過冷雲滴，形成穿洞雲。因此，在破洞中就會出現由成長的冰晶所形成的旛狀雲，所以穿洞雲亦稱為雨旛洞雲（fallstreak hole）。若與太陽的關係位置達到最完美時，有時也會因為洞中的旛狀雲而形成暈或弧（圖4・24）。穿洞雲讓我們知道，它的雲是過冷水雲。若想遇見穿洞雲，可以在卷積雲漫布天空時仔細觀察。

噴射氣流與卷雲

每一朵卷雲的長度或形狀都不一樣，有的時候水平範圍甚至會長達一千公里以上。因為這種卷雲會伴隨著名為**噴射氣流**的大氣上層特別強勁的偏西風一起出現，故又稱**噴射卷雲**。

噴射卷雲中，存在與氣流呈平行延伸的**卷雲條**（cirrus streak），以及在氣流的南側，與氣流呈垂直延伸的**橫雲線**（transverse line）（圖4・25）。卷雲條是對應噴射氣流中風速最強的軸而形成

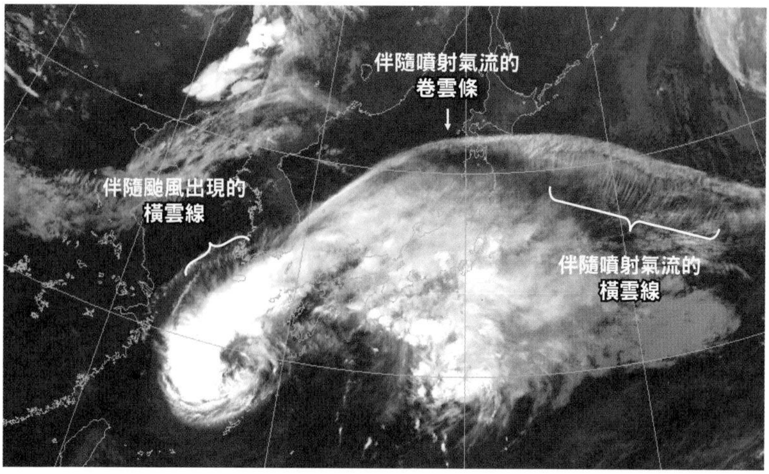
伴隨噴射氣流的
卷雲條
伴隨颱風出現的
橫雲線
伴隨噴射氣流的
橫雲線

圖 4・25　噴射卷雲。2017 年 9 月 16 日 19:30 向日葵 8 號所拍攝之紅外線影像。擷取自日本氣象廳網頁。

的。此外，形成橫雲線的每一朵帶狀雲稱為橫雲帶（transverse band），橫雲線可以將對流層頂下方所形成的克耳文．亥姆霍茲不穩定可視化。橫雲線有時也會出現在颱風上層所吹出的雲內。這些伴隨著噴射卷雲和背風波一起出現的波狀雲，暗示著上空有著風勢凌亂的**晴空亂流**（clear air turbulence，CAT），是在航空業界工作的雲友需要特別注意的雲。

在日本附近，特別是秋天到春天這段期間，偏西風會蛇行，很容易看到噴氣卷雲。卷雲條看起來就像是從地面把整個天空蓋住，非常陰暗，但橫雲帶可以用肉眼確認。仰望天空時，若看到卷雲，可以從它們的方向想像上空的流動，再以衛星影像確認它們蔓延的模樣。

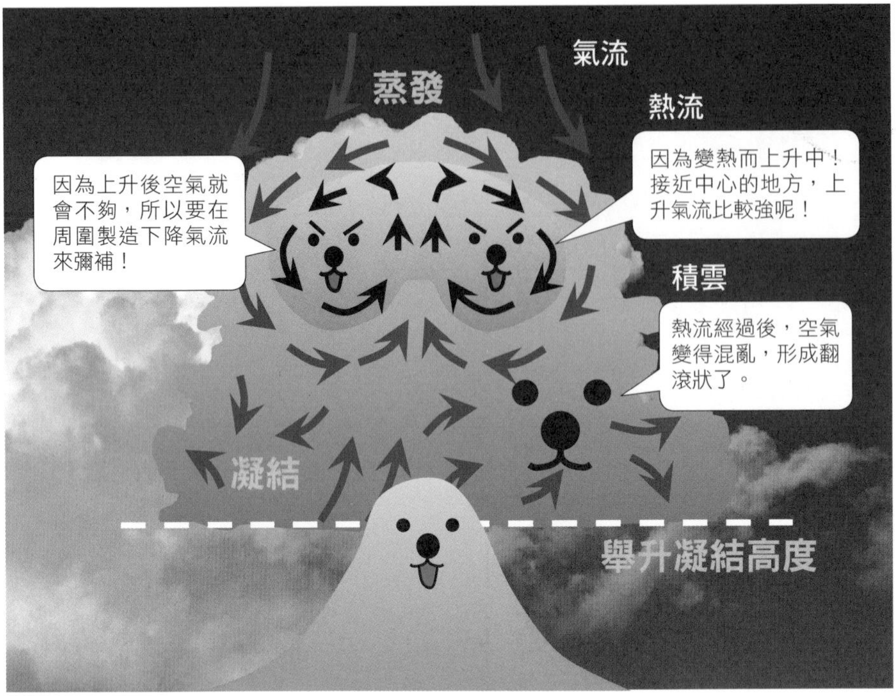

圖 4・26　積雲的心聲。

積雲與雲街

夏天時經常看見的積雲為何總是呈現出一副翻滾的模樣？翻滾是有理由的。讓我們以晴天積雲為例，來聽聽它們的心聲（圖4・26）。

積雲是和因地面氣溫上升所產生的熱流一起出現的上升氣流，將下層空氣往上搬運，再藉由絕熱冷卻，超越舉升凝結高度而形成的。因此，可以從平坦積雲的雲底推測出舉升凝結高度。積雲翻滾的模樣乃上升氣流將雲內空氣弄亂而形成，為了以這股上升氣流來補足已經不夠的空氣，雲周邊會出現下降氣流，特別是在雲上部附近，和乾燥空氣加以混合後，雲滴便會蒸發。因此，只要我們擷取一朵身邊的晴天積雲，聆聽它的聲音，便可以知道它的形狀如何形成、雲輪廓附近的水物質相變，以及大氣狀態等各式各樣的資訊。

此外，每個積雲個體的所在位置都有上升氣流，這時的對流會很接近地面被加熱時所產生的胞狀對流（cellular convection）（圖4・27）。我們經常可以在味噌湯中看見胞狀對流，上升氣流和下降氣流會像細胞一樣蔓延。出現胞狀對流時，若下層吹起某種程度的強風，就會形成宛如上升氣流和下降氣流成雙成對地卷呈滾狀蔓延的**水平對流卷**（圖4・28）。此時，因為水平對流卷的上升流域有雲形成，會出現名為**雲街**的條狀雲列。比較夏天的關東平原，平靜無風和西南風吹拂這兩種時刻的雲分布便可一目了然（圖4・29，192頁）。若是平靜無

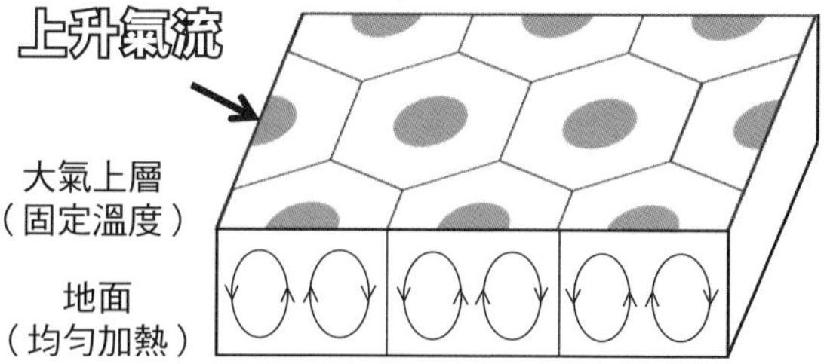
上升氣流
大氣上層
（固定溫度）
地面
（均勻加熱）

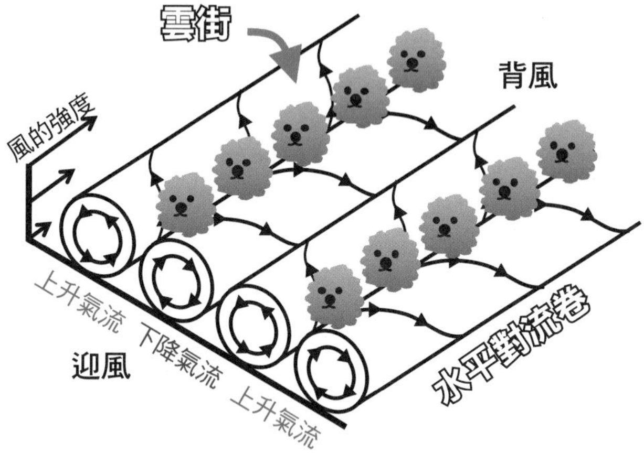
雲街
背風
風的強度
上升氣流
下降氣流
上升氣流
迎風
水平對流卷

（上）圖4・27　胞狀對流示意圖。
（下）圖4・28　水平對流卷與雲街。

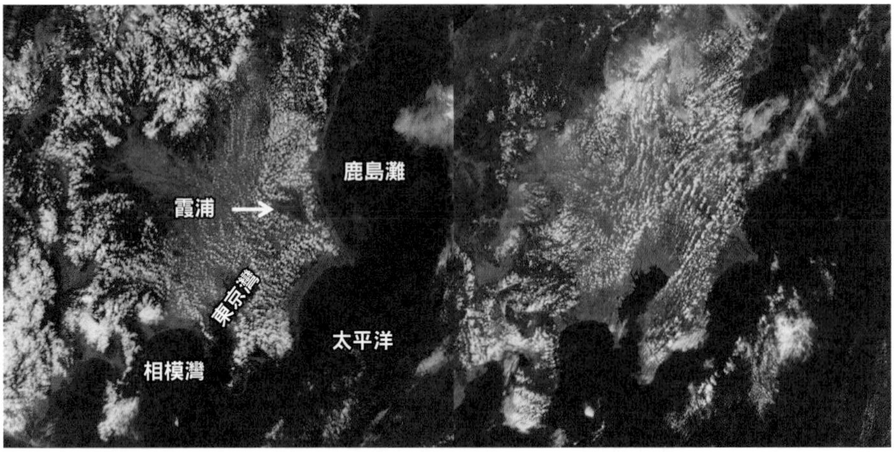

圖 4・29　平靜無風時（左）與吹西南風時（右）的積雲變化。NASA EOSDIS worldview 的可視影像。左：2010 年 8 月 21 日由 Aqua 衛星拍攝，右：2008 年 8 月 3 日由 Terra 衛星拍攝。

風時，在鹿島灘和相模灣等沿岸地區看不到積雲，這意味因寒冷的海風流入，大氣呈現穩定。平靜無風時，霞浦上空之所以沒有雲，乃是地面的陸地和湖有不同的熱容量，湖上的空氣相對比較冷，沒有熱對流所致。

在晴朗的日子，從飛機窗戶眺望海岸附近的雲時，經常可以看到陸地上有積雲，但海上卻完全沒有雲的狀況。這個時候，便可盡情想像陸地上的熱對流狀態，以及因雲朵而可視化的胞狀對流。

海洋性層積雲

層積雲也是由胞狀對流形成，它們有時會各自獨立，有時則會彼此相鄰地密集群聚（圖 4・30），分別稱為開放胞（open cell）和封閉胞（closed cell）。

這些構造是大氣下層的氣溫與海面水溫（地表溫度）等差異所造成的。每個個體各自獨立的積雲、層

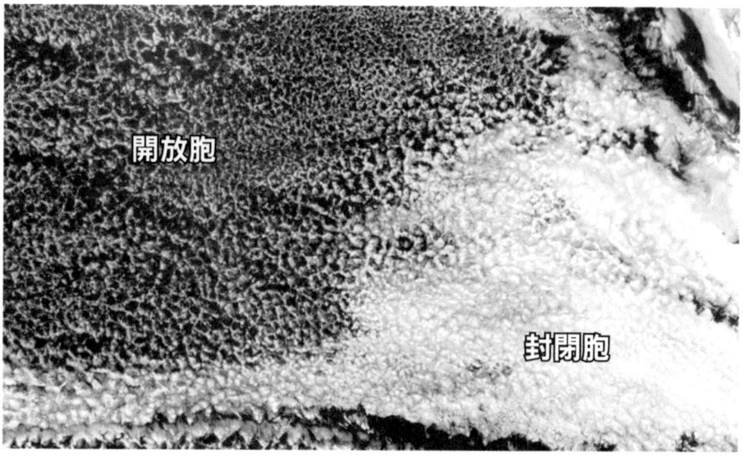

圖4・30　層積雲。2017年9月7日智利海面。NASA EOSDIS worldview的索米國家極地軌道夥伴衛星（SuomiNPP）所拍攝之可視影像。

積雲，因下層氣溫很高，熱對流旺盛，會形成開放胞，而當下層氣溫很低時，封閉胞會很發達。

封閉胞的層積雲會造成陰天。在關東地區，以北方為中心的高氣壓圈內，伴隨寒冷東北風而形成的層積雲，會引起**東北氣流的陰天**。事實上，這是很難正確預測的現象，對天氣、氣溫預報來說非常重要。此外，夏季鄂霍次克海高氣壓形成時，日本東北地區的太平洋沿岸會吹起名為「**山背**」（意指偏東風）的寒冷東北～東風。伴隨著「山背」而出現的層積雲因為低溫且日照不足，會對農作物帶來負面影響。

「山背」出現時，從北海道南岸到東北、關東地區的山地東側，會瀰漫著層積雲（圖4・31，194頁）。這個時候，若在東北地區海面，從飛機上觀察層積雲，便可以清楚了解密集群聚這個封閉胞層積雲的特徵（圖4・32，194頁）。在層積雲所形成的陰天，可以透過衛星影像觀察雲的狀態與分布，想像

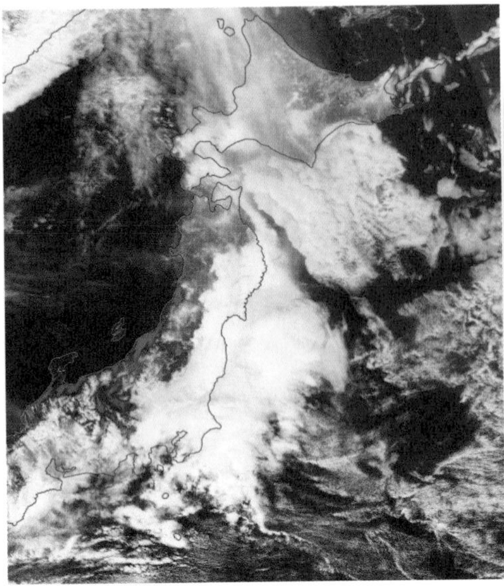

（左）圖4・31　「山背」形成時的太平洋岸層積雲。2016年4月2日，NASA EOSDIS worldview的Aqua衛星所拍攝之可視影像。
（右）圖4・32　從東北海面上空看到的層積雲。千種百合子小姐提供。

什麼樣的空氣是罪魁禍首。

成熟穩重的霧和層雲

霧和層雲是一體兩面，差別只在一個是與地面接觸，另一則是漂浮在大氣中。讓我們來看看這些穩重又可愛的孩子是如何形成的。

從雨後放晴的夜裡到隔天早上，可以看見**輻射霧**（圖4・33，196頁）。白天時，太陽的輻射會讓地面氣溫上升，到了晚上，因地球朝著太空發射紅外線，會引起氣溫下降的輻射冷卻。當地面因降雨而潮濕時，因輻射冷卻造成氣溫下降所形成的便是輻射霧，在盆地或平原很容易看到。

此外，在沿岸地區則可以看到海霧

（上）圖 4・36　早晨從稻田升起的水氣。Mamori 先生提供。
（中）圖 4・37　出現在積雪地區的霧。2015 年 3 月 4 日新潟縣長岡市，山下克也先生提供。
（下）圖 4・38　輻射霧形成的雲海。2016 年 4 月 8 日茨城縣筑波市。

4・3 會引發危險的雲

積雨雲的形成過程

積雨雲會突然出現在局部地區，引發大雨或龍捲風等陣風、落雷或降雹等激烈的大氣現象，成為災害的主要原因。但是當積雨雲很發達時，它們其實會發出危險的警告，如果我們可以注意到這些訊號，並了解箇中意涵，就能夠察覺危險，在堅固的建築物避難。在此我要說明積雨雲的形成過程，以及容易引發危險的雲有何特徵。

首先，讓我們試著想像一下，在沒有垂直風切的環境中所成長的孤立而單一積雨雲（單胞、對流胞〔convective cell〕）的一生（圖4・39）。雖然積雨雲會在大氣狀態不穩定時變得發達（第一章第五節，39頁），但光是這樣並無法形成積雨雲。①局部性鋒面或地形等將下層空氣往上抬，造成上升氣流。②在這個上升氣流中，下層的暖濕空氣上升至舉升凝結高度，就會形成雲。③被上升氣流舉起的空氣超越自由對流高度，變得可以靠自己的力量上升。之後，雲在上升的同時變大，雲內發生各式各樣的雲物理過程形成降水粒子。結果，④因為伴隨著降水粒子的相變而發生的冷卻或向下拉扯的力量，在雲內形成下降氣流。這個時候⑤雲頂達到平衡高度（對流層頂等），伴隨著砧狀雲，形成積雨雲。地面上降水增強，下降氣流彷彿要與上升氣流相互抵消一般的增強。⑥失去上升氣流的積雨雲，受到下降氣流影響而減弱。抵達地面的下降氣流蔓延至四周，形成名為陣風鋒

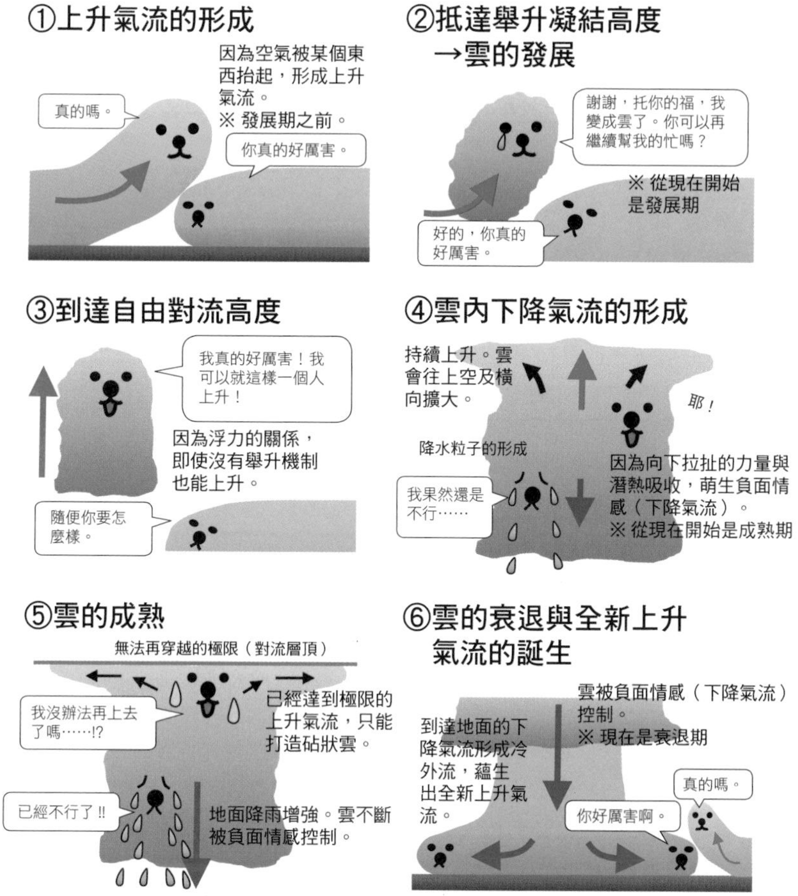
①上升氣流的形成
因為空氣被某個東西抬起，形成上升氣流。
※ 發展期之前。
真的嗎。
你真的好厲害。
②抵達舉升凝結高度→雲的發展
謝謝，托你的福，我變成雲了。你可以再繼續幫我的忙嗎？
※ 從現在開始是發展期
好的，你真的好厲害。
③到達自由對流高度
我真的好厲害！我可以就這樣一個人上升！
因為浮力的關係，即使沒有舉升機制也能上升。
隨便你要怎麼樣。
④雲內下降氣流的形成
持續上升。雲會往上空及橫向擴大。
耶！
降水粒子的形成
我果然還是不行……
因為向下拉扯的力量與潛熱吸收，萌生負面情感（下降氣流）。
※ 從現在開始是成熟期
⑤雲的成熟
無法再穿越的極限（對流層頂）
我沒辦法再上去了嗎……!?
已經達到極限的上升氣流，只能打造砧狀雲。
已經不行了!!
地面降雨增強。雲不斷被負面情感控制。
⑥雲的衰退與全新上升氣流的誕生
雲被負面情感（下降氣流）控制。
※ 現在是衰退期
到達地面的下降氣流形成冷外流，蘊生出全新上升氣流。
真的嗎。
你好厲害啊。

圖 4.39　積雨雲的一生。

面的局部性鋒面，在其前端，周圍的空氣被抬起，形成積雨雲（回到①）。就像這樣，當積雨雲的一生結束後，又會直接回到下一個世代。

積雨雲的一生大致分為三個階段（如圖4．40，200頁）。在發展期，積雨雲內由上升氣流支配，在成熟期，上升氣流與下降氣流互相混和，在衰退期，則由下降氣流支配。若以衛星

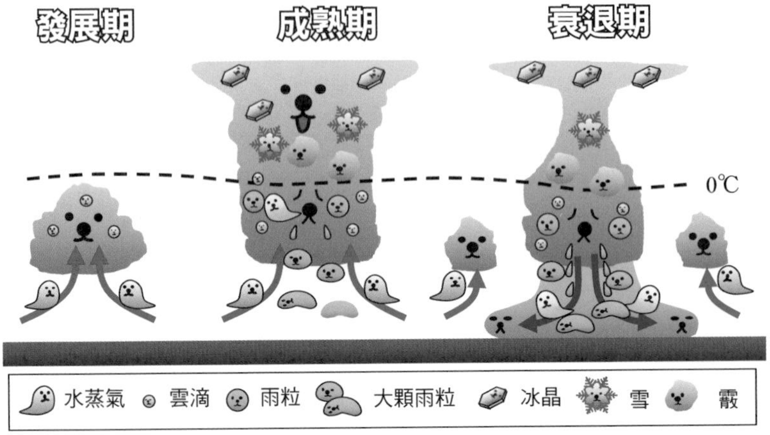
發展期
成熟期
衰退期
0℃
水蒸氣
雲滴
雨粒
大顆雨粒
冰晶
雪
霰

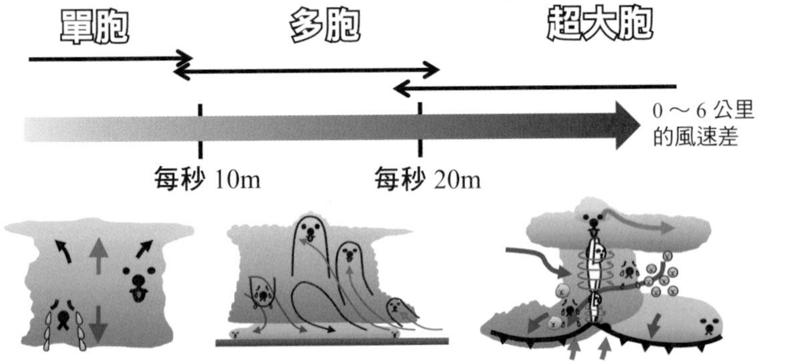
單胞
多胞
超大胞
0～6公里
的風速差
每秒 10m
每秒 20m

（上）圖4・40　以稍微嚴肅的角度畫出的積雨雲一生。
（下）圖4・41　因垂直風切所造成的積雨雲性格變化。

觀測觀察積雨雲發展的模樣，可以發現因為雲一口氣上升，砧狀雲散開，上升氣流很強的部分呈現過衝的模樣（影片4・5）。一朵積雨雲的壽命約為一小時，會帶來數十公釐的地面雨量。積雨雲雖然看起來非常有活動力，事實上卻是會被自己的下降氣流自行毀滅的自虐雲。

不過，積雨雲所孕育出的負面情感（下降氣流）不只會消滅自己，也與未來（新雲的形成）連結。以這層意義來看，真的很有人情味。

另一方面，在有著垂直風切的環境中，不管是積雨雲的性格或它的一生，都會發生轉變（圖4・41）。垂直風切的標準是離地六公里的風切，當風切速度超過每秒十公尺，會形成名為多胞（multi-cell）的積雨雲，超過每秒二十公尺，則會形成名為超大胞（supercell）的積雨雲。這些是移動速度很快、壽命也很長的積雨雲。現在，就讓我們來看看這些積雨雲有著什麼樣的特性。

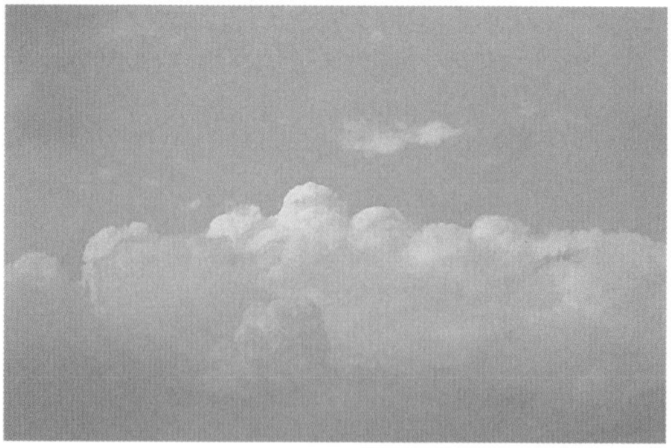

圖4・42　多胞。2016年7月14日茨城縣筑波市。

跨越世代合而為一——多胞型

多胞是發展階段不同的多個對流胞所形成的大型積雨雲（圖4・42）。其內部同時存在著發展期、成熟期、衰退期的對流胞（圖4・43，202頁），因成熟期與衰退期的對流胞而形成的陣風鋒面，會在下層風的上側蘊生出新的胞。在多胞中會進行對流胞的世代交替，其壽命有時會長達幾小時。

多胞是會在夏天帶來局部地區大雨或雷雨的典型積雨雲，往往造成市中心的水災或停電。此外，因為它也是弱龍捲風等陣風或降雹的原因，會帶來暴雨，需要注意。

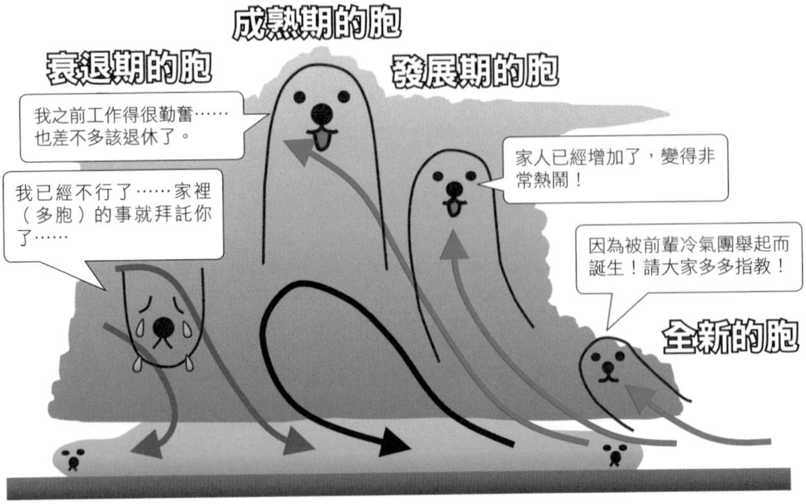
成熟期的胞
衰退期的胞
發展期的胞
我之前工作得很勤奮……也差不多該退休了。
我已經不行了……家裡（多胞）的事就拜託你了……
家人已經增加了，變得非常熱鬧！
因為被前輩冷氣團舉起而誕生！請大家多多指教！
全新的胞

圖4·43　多胞示意圖。

旋轉的巨大積雨雲——超大胞

在垂直風切很大、大氣狀態非常不穩定的環境發展出的巨大積雨雲稱為**超大胞**。超大胞指的是雲中存在著直徑達數公里漩渦，名為中氣旋（mesocyclone）的上升氣流，並持續維持此結構的雲。超大胞移動的速度很快，雖然不太容易發生大雨、造成的水災，卻會孕育出強勁的龍捲風與巨大的冰雹（圖4·44）。

在北半球，在風從下層到上層呈順時針方向變化之垂直風切的環境中，超大胞會很發達（圖4·45，204頁）。因為垂直風切很強，雲內的下降氣流被中層的風送到積雨雲前方，乾燥的中層風進入雲內時，雲粒會開始蒸發，積雨雲的後方也出現下降氣流。結果，雲內的上升氣流沒有被下降氣流消滅，壽命變得很長。在超大胞內，對應上升氣流域，呈逆時針方向旋轉的中氣旋位於中層或下層，

圖４・44　超大胞。NOAA Photo Library 提供。

整個雲也呈現逆時鐘方向旋轉。前方與後方這兩個下降氣流，會分別在前方與後方形成陣風鋒面，這兩個下降氣流相互交叉的下層中氣旋的正下方，便會出現龍捲風。

說到超大胞，大家總是會想起美國，其實在日本也不算少見（圖４・46，２０５頁）。超大胞除了明顯的灘雲（shelf cloud）（圖４・47，２０５頁），也會一起出現其他特別的雲，不管哪一種都在警告我們可能會發生危險。

發達的雲所戴的帽子——幞狀雲

發展中的濃積雲與積雨雲有時會蓋著宛如帽子般的雲（圖４・48，２０６頁），這是副型之一的幞狀雲（pileus）。幞狀雲的分布範圍很小，只會出現在對流胞的上部，但若幞狀雲往水平方向延伸，橫跨多個胞便會形成雲幔（velum），這也是副型之一（圖４・49，２０６頁）。

幞狀雲由伴隨著對流胞出現的上升氣流，將上空的潮濕空氣層往上抬升而形成。形成初期，會像帽子一般蓋住雲頂，當對流胞再度上升時，帽子便會破掉。因為幞狀雲意味著對流胞處於最發達的時候，由此可知當時大氣的不穩定。不過，即使雲幔廣布，如果積雲一直無法突破它，積雲就不

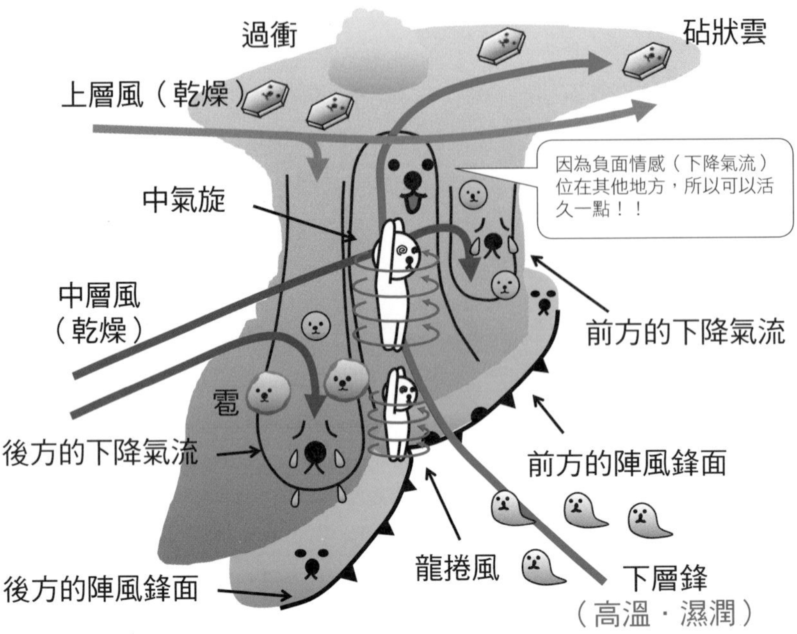
過衝
砧狀雲
上層風（乾燥）
因為負面情感（下降氣流）位在其他地方，所以可以活久一點！！
中氣旋
中層風（乾燥）
前方的下降氣流
雹
後方的下降氣流
前方的陣風鋒面
龍捲風
下層鋒（高溫・濕潤）
後方的陣風鋒面

圖 4・45　超大胞示意圖。

會變得更加發達。

瀰漫於藍天中的不穩定密卷雲

發展到極限的積雨雲會形成副型之一的砧狀雲（第二章第二節，61頁），如果砧狀雲再分布得廣一點，就會形成密卷雲（圖4・50，206頁）。

特別是春天到秋天的熱天晴空中，密卷雲會從某個方向開始擴散，有時會讓天空變得灰暗，瀰漫著一股神秘的氣息。密卷雲讓我們知道，在它來自的天空方向有著發展到極限的積雨雲。

暴風雨的前兆——乳房狀雲

有的時候，雲底會形成許多平滑的疙瘩，這是副型之一的乳房狀雲，它會

（上）圖 4・46　發生在 2013 年 9 月 2 日，為千葉縣野田市・琦玉縣越谷市帶來龍捲風的超大胞。茨城縣筑波市。

（下）圖 4・47　與超大胞一起出現的灘雲。2011 年 6 月 21 日千葉縣柏市，辻優介先生・梅原章仁先生提供。

出現在卷雲、卷積雲、高積雲、高層雲、層積雲、積雨雲等各式各樣的雲中。乳房狀雲的成因包括：和出現在雲底的小漩渦一起出現的下降氣流、雲底的下沉、降水粒子的下沉蒸發等。出現在傍晚高、中層雲的乳房狀雲會呈現紅棕色，構成一幅充滿幻想空間的景色（圖4・51）。

出現在積雨雲以外雲的乳房狀雲，基本上是無害的，但伴隨著積雨雲出現的乳房狀雲卻會發出

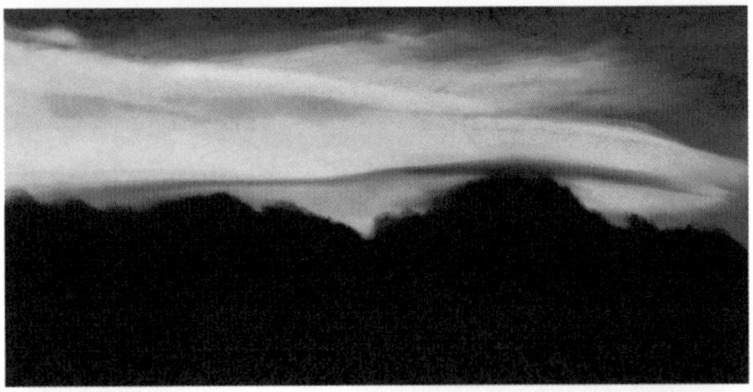

（上）圖 4・48　幞狀雲。酒井清大先生提供。
（中）圖 4・49　雲幔。2017 年 7 月 11 日茨城縣筑波市。
（下）圖 4・50　密卷雲。2012 年 8 月 17 日茨城縣筑波市。

危險訊息。因為與積雨雲一起出現的乳房狀雲會出現在雲前進方向前方的砧狀雲雲底，所以我們可以知道，會引起雷雨或陣風的積雨雲已經來到附近。相異於其他美麗的乳房狀雲，這個時候的乳房狀雲會呈現出一種不祥的深黑色（圖4・52）。

將陣風鋒面可視化的雲——弧形雲

大家常說：「暴風雨前夕會突然吹起一股冷風。」事實上，出現的不僅是冷風，有時還會帶來風速突然變快的陣風。而在陣風前端形成的局部性鋒面稱為陣風鋒面。

積雨雲內會因為降水粒子的昇華、蒸發和融解所造成的冷卻，以及往下拉扯的力量，而形成寒冷下降氣

（上）圖 4・51　出現於高積雲的乳房狀雲。2017 年 9 月 12 日琦玉縣加須市，國本未華小姐提供。
（下）圖 4・52　出現於砧狀雲底的乳房狀雲。2014 年 6 月 29 日茨城縣筑波市。

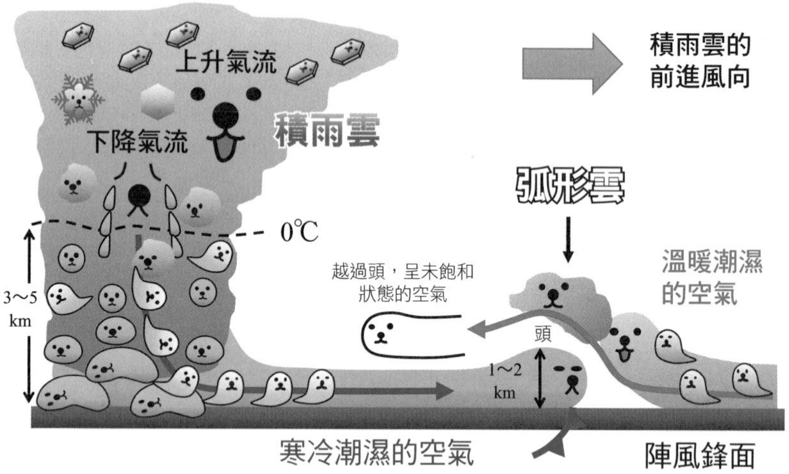
上升氣流
積雨雲
下降氣流
0℃
3～5
km
越過頭，呈未飽和
狀態的空氣
積雨雲的
前進風向
弧形雲
溫暖潮濕
的空氣
頭
1～2
km
寒冷潮濕的空氣
陣風鋒面

圖4・53　陣風鋒面的形成。

流，當此下降氣流抵達地面後，便會向四周擴散（圖4・53）。這種氣流稱為冷外流（cold outflow），其中前端風勢特別強勁的部分稱為陣風。陣風的持續時間通常不到二十秒，有陣風時，風速會有每秒四・五公尺以上的差別，達到每秒八公尺。陣風的厚度大約一至兩公里，前端有著名為鼻與頭的構造，就像是人臉一樣。

陣風鋒面會將周圍的暖濕空氣抬起，在上方形成**弧形雲**（arc clouds）。Arc在英文中為弧型之意，一如其名，它們是積雨雲呈弧狀擴散而來（圖4・54，影片4・6）。雲的副型中有一種名為弧狀雲的雲，但弧形雲和弧狀雲不同，它位在離積雨雲很遠的地方。圖4・55（210頁）便是陣風鋒面出現時，所拍下隨著時間變化呈現出的影像。弧形雲會在很短的時間內逼近，經過我們頭上時，會吹起一陣讓人幾乎要站不住腳的陣風（影片4・7）。形成弧形雲的雲粒會不斷在上升氣流域形成，在陣風的頭部後方稍微下降後蒸發。

在陣風鋒面上，有時會出現由漩渦形成、名為**陣風捲**（gustnado）的陣風（圖4・56，211頁）。陣風捲擁有類似塵捲風的特性，它的發展和雲的上升氣流無關。陣風鋒面會將周圍的空氣往上抬，形成積雨雲。若看到有弧形雲逼近，請馬上進入堅固的建築物內避難。

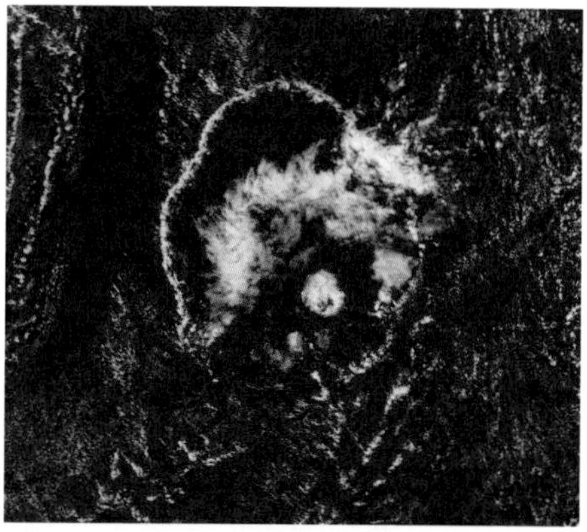

圖4・54　出現於南海上的弧形雲。2016年1月5日NASA EOSDIS worldview的索米國家極地軌道夥伴衛星所拍攝之可視影像。

迫近的雲牆——灘雲

對流雲的雲底附近，有時會出現濃密且呈水平延伸的卷滾狀**灘雲**（圖4・57，211頁）。灘雲在分類上屬於副型的弧狀雲，時而混亂、時而平滑，有時則會呈現好幾層互相重疊的結構。

灘雲也會出現在超大胞等積雨雲或一般濃積雲的雲底附近。灘雲和之前提到的的弧形雲，會和身為弧形雲來源的對流雲緊密相連，仔細觀察後會發現，灘雲中有著上升氣流。灘雲有時會沿著冷鋒出現（圖4・58，211頁），它讓我們知道，積雨雲等對流雲或冷鋒已經來到附近，若看見它們請立即避難。

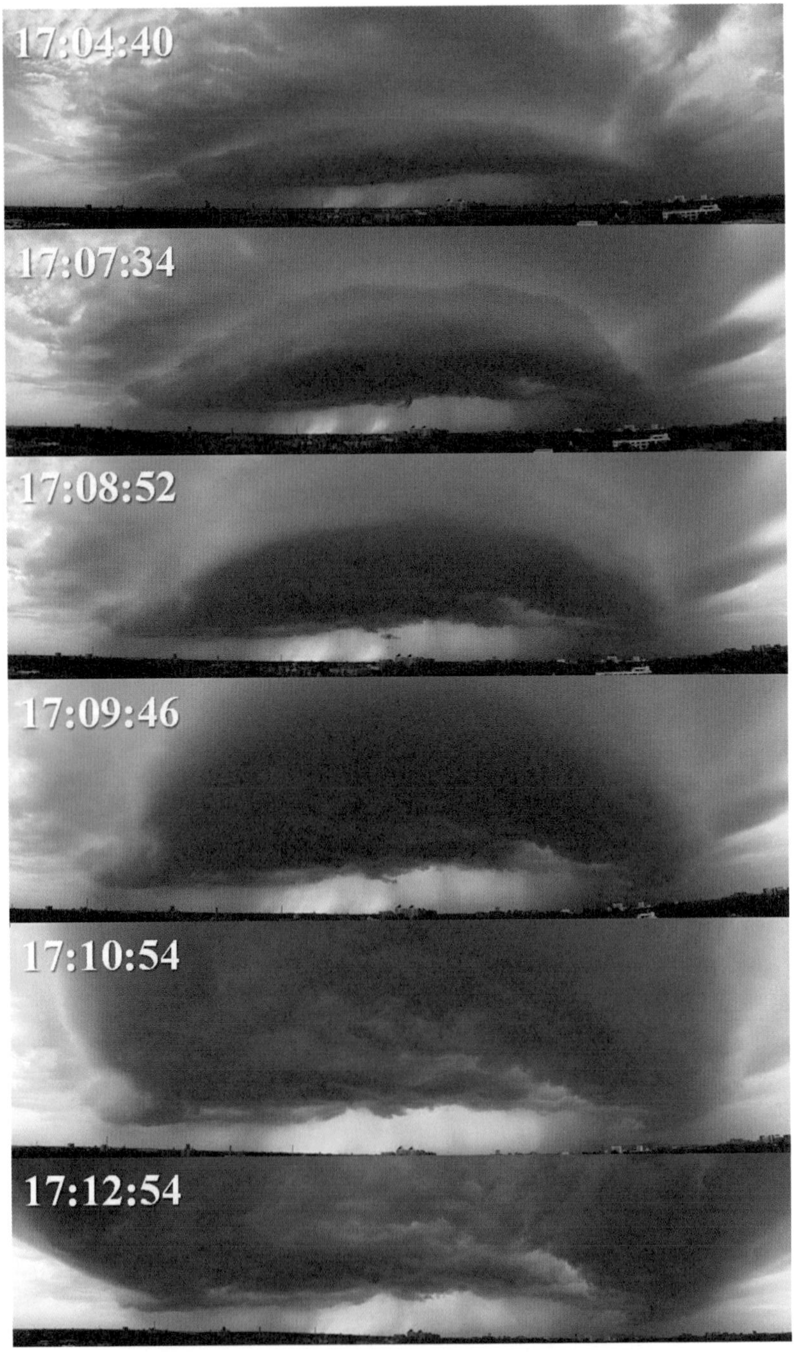
17:04:40
17:07:34
17:08:52
17:09:46
17:10:54
17:12:54

圖 4・55　弧形雲隨著時間所出現的變化。2014 年 5 月 1 日茨城縣筑波市。

（上）圖 4・56　陣風捲。2014 年 6 月 2 日美國肯薩斯州，青木豐先生提供。
（中）圖 4・57　灘雲。2010 年 5 月 31 日內布拉斯加，NOAA Photo Library 提供。
（下）圖 4・58　伴隨著冷鋒的灘雲。2016 年 6 月 3 日沖繩縣豐見城市，野嵩樹先生提供。

超大胞特有的雲

幞狀雲、密卷雲、乳房狀雲、灘雲或弧形雲等，在一般的積雨雲中也會出現，但有些雲是超大胞特有的。

從超大胞雲底再往下延伸、如牆壁一般的雲稱為**牆雲**，屬於「murus」這個副型（圖4・59）。牆雲位於超大胞前方與後方降水區域（下降流域）之間，對應下層的中氣旋而形成，有時龍捲風也會伴隨著超大胞在此出現。牆雲呈逆時針方向旋轉，其中有著強烈的上升氣流。

此外，與吹進超大胞的下層風呈平行延伸的帶狀雲，因為長得很像海狸的尾巴，被稱為**海狸尾雲**，屬於「flumen」這個副型之一。形成海狸尾的雲被放進超大胞中，沒有和牆雲接觸，特徵是雲底比牆雲還要高。

與牆雲銜接，呈水平延長、如尾巴一般的雲稱為**尾雲**，屬於副型中的「cauda」（圖4・60）。尾雲出現於與牆雲相同的高度，出現於因超大胞後方的下降氣流而形成的陣風鋒面上，它們會移動，遠離後方的降水區域。

我們或許很難有機會看到這些超大胞特有的雲，不過它們會警告我們危險已經接近（影片4・8）。因為有可能發生強勁的龍捲風，如果看到這些雲，請立刻躲入堅固的建築物中避難。

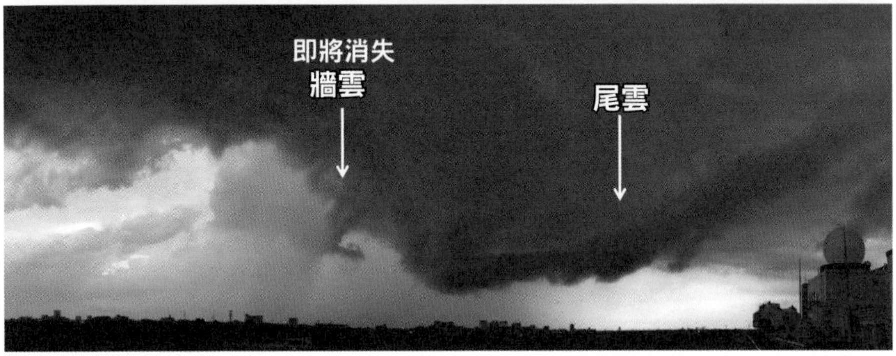

（上）圖 4・59 伴隨著超大胞的牆雲。2015 年 8 月 12 日茨城縣筑波市。
（下）圖 4・60 伴隨著超大胞的尾雲。2015 年 8 月 12 日茨城縣筑波市。

龍捲風來臨前的雲——漏斗雲

從積雨雲的雲底開始延伸的柱狀或漏斗狀雲，稱為漏斗雲（副型之一）（圖4・61，214頁）。漏斗雲曾經在報導中被稱為是龍捲風的小孩，事實上並不是真的像小孩這麼可愛，這種雲會在龍捲風發生前或發生時出現。龍捲風原本就是漏斗雲到達地面所形成的激烈漩渦，漏斗雲會警告我們，現在是隨時都可能發生龍捲風的危險狀態。

漏斗雲是積雨雲內透過各種不同過程所形成的雲，會和垂直漩渦一起出現。有些漏斗

圖 4・61　漏斗雲。2017 年 9 月 13 日新潟縣上越市，杉田彰先生、諸岡雅美小姐提供。

雲會因為大氣下層的強烈垂直風切而形成，有些則是因為強烈的垂直漩渦形成低氣壓，因絕熱膨脹的空氣而形成雲滴。這種雲常見於冬季的日本海沿岸等地，帶有明顯的危險訊號，看到時請立刻避難。

4・4 會引發災害的雲

游擊式暴雨的真面目

雲有時會引起激烈的大氣現象，成為災害的原因。在此我們就來了解，會帶來災害的雲是如何形成的。

最近，我們經常聽到「**游擊式暴雨**」，但這究竟是什麼呢？一如字面，「游擊式暴雨」指的是突然發生在局部地區、難以預測的豪雨。

另一方面，用來指稱大雨現象的字眼還有「**局部性大雨**」。氣象廳將「突然降下、在短短幾十分鐘內便可為狹小範圍帶來數十公釐雨量的強烈雨勢」稱為局部性大雨。在局部性大雨中，會造成水患的稱為**局部性豪雨**。而「**集中豪雨**」指的則是「在同樣的地方，一連幾個鐘頭連續降下會帶來從一百至數百公釐雨量的雨勢」。相對於局部性大雨這種短時間大雨，會造成都市地區的道路淹水等都市型水患，集中豪雨則會造成土石流災害或河川氾濫等大規模水患，災害的規模完全不同。大部分的游擊式暴雨都相當於大氣現象中的局部性大雨。

局部性大雨由積雨雲造成，這是一種可以清楚看見放晴與下雨分界線的局部地區現象（圖4・62，216頁，影片4・9）。我會在第五章第三節（269頁）再針對游擊式暴雨這個名詞做些說明，在此我們先將焦點放在游擊式暴雨這種大氣現象的形成過程。

積雨雲乃下層空氣被抬升到超過自由對流高度的高處而引起。這個過程稱為對流初生（convective initiation），中規模的抬升機制非成重要，而其中之一就是因為地形所造成的強制上升（圖4・63①，217頁）。在夏季的晴朗午後，以山地為中心所發生的局部性大雨就是這種類型。當地面氣溫因天氣晴朗而上升後，以長野縣為中心的內陸地區便會出現名為**熱低壓**的中規模低氣壓。在關東甲信地區，會出現朝這種低氣壓吹的大規模海風，從海上吹向內陸的海風在供給水蒸氣的同時，也會在山坡地上升，造成對流初生。這種類型的局部性大雨多半發生在傍晚五點，造成所謂的傍晚驟雨。

圖 4・62　局部性大雨。2016 年 7 月 31 日茨城縣筑波市。

其次，當朝向內陸吹拂的海風不是那麼強勁時，如從茨城海面的鹿島灘或九十九里濱、東京灣、相模灣等往陸地吹的海風會聚集在一起，有時也會因為包圍東京灣的海風鋒，形成上升氣流，造成對流初生（圖 4・63②）。這是一種非常難以預測的局部性大雨，如果沒有正確觀測・預測地面附近的風、氣溫和水蒸氣的量與分布，就無法準確預測。若下層非常潮濕時，因房總半島等兩百至三百公尺的微高山地所造成的強制上升，也會形成積雨雲。

更難預測的是，與陣風鋒面有關的局部性大雨（圖 4・63③）。在山地或平原，來自已發展積雨雲的陣風鋒面是造成對流初生的原因。陣風鋒面彼此互相衝擊、融合、交叉後，上升氣流會增強，讓對流初生更容易發生。陣風鋒面與海風鋒等局部性鋒面彼此作用也會形成積雨雲。但這種局部性大雨極難預測，因為若無法預測造成陣風鋒面的積雨雲，便無法預測對流初生的形成。

除此之外，有許多原因都會造成對流初生，若能掌握運用了高密度、高頻率的氣溫、風和水蒸氣觀測資料的實際狀態，預測研究就能有所進展。

會帶來大規模水患的集中豪雨

每年各地都會發生水患，其原因不外乎就是**集中豪雨**。集中豪雨經常會在一小時內降下一百公

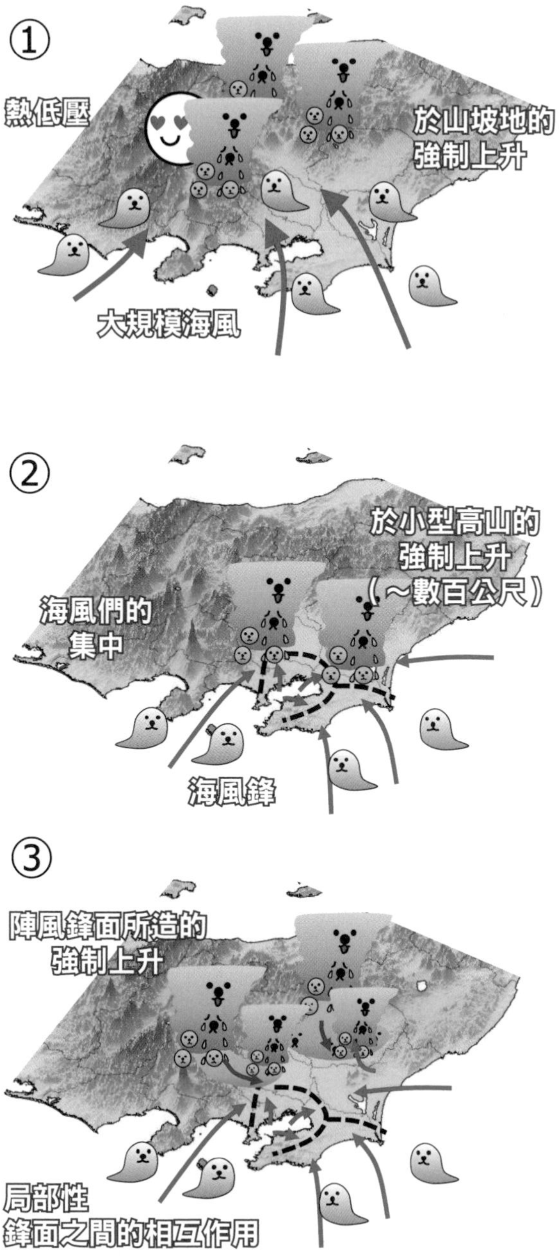
①
熱低壓
於山坡地的
強制上升
大規模海風
②
於小型高山的
強制上升
（～數百公尺）
海風們的
集中
海風鋒
③
陣風鋒面所造的
強制上升
局部性
鋒面之間的相互作用

圖 4・63　發生在關東平原的對流初生。

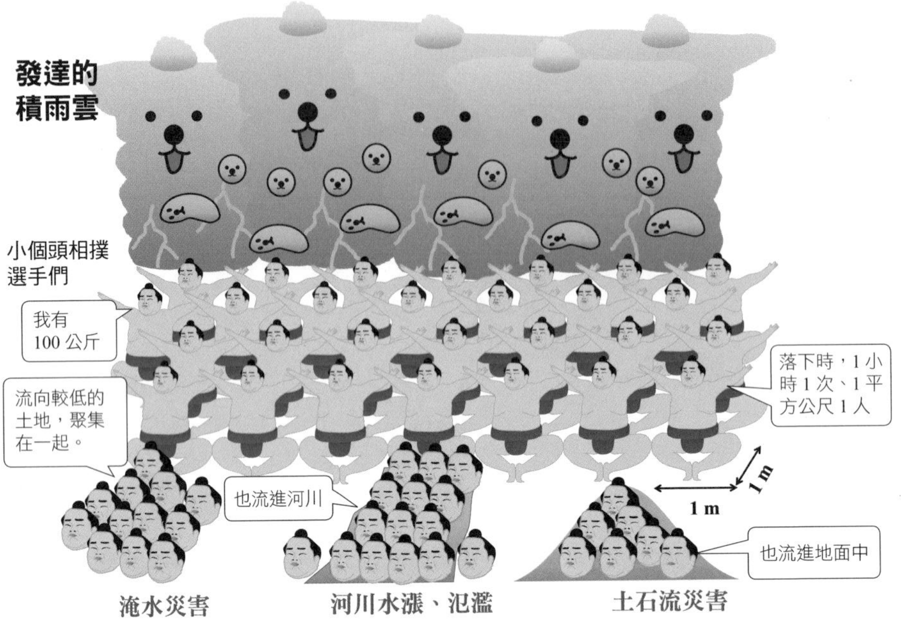
發達的
積雨雲
小個頭相撲
選手們
我有
100 公斤
流向較低的
土地，聚集
在一起。
落下時，1 小
時 1 次、1 平
方公尺 1 人
1 m
1 m
也流進河川
也流進地面中
淹水災害
河川水漲、氾濫
土石流災害

圖 4・64　短短 1 小時內下了 100 mm 大雨的示意圖。

釐的大雨，光看數字大家或許很難想像它的危險性，在此我就將它繪製成圖像（圖4・64）來進行說明。

降水量或雨量指的是「若降下的雨沒有流走而是積存下來時，所形成的水深」，測量單位是公釐。若在一小時內降下一百公釐的雨，就會造成十公分的水深。如果一平方公尺的區域內囤積了十公分高的水，其重量就是一百公斤。換句話說，一小時內下了一百公釐的雨，就等於重達一百公斤的**小個頭相撲選手**在一小時內一次掉下來。

而且發生集中豪雨時，會在數公里至數十公里的區域內，降下同樣的大雨。降下的雨流到低處後，便會引發洪水、河川氾濫或土石流等災害。當下起

圖 4・65　積雨雲的背後成長型。2014 年 9 月 11 日北海道上空。

這種猛烈大雨時，感覺就像身處瀑布中，有一種無法呼吸的壓迫感，也看不到東西，除了雨滴敲擊地面的巨大聲響之外，聽不到任何聲音。

一朵積雨雲的壽命大約是一小時，如果要帶來數公釐的雨量、造成集中豪雨，就需要大量積雨雲進行組織化。

在有著垂直風切的環境下，在積雨雲前進方向的後側（下層風的上側）會出現積雨雲**背後型成長**這種不斷有全新積雨雲形成的現象（圖 4・65）。藉此，特定區域的雨量會增加，若所有積雨雲因大氣狀態非常不穩定而逐漸發展，便會在一小時內降下一百公釐的大雨，形成集中豪雨（影片 4・10）。

像這樣呈線狀組織化的積雨雲群稱為線狀降水帶（linear precipitation zone）。線狀降水帶的型態大致分成颮線型（squall line）、背後成長型與back and side building三種類型，在不同的降水系統內，下層風和中層風的氣流構造並不相同（圖 4・66，220頁）。

颮線型的移動速度很快，雖然會形成短時間強雨或陣風，

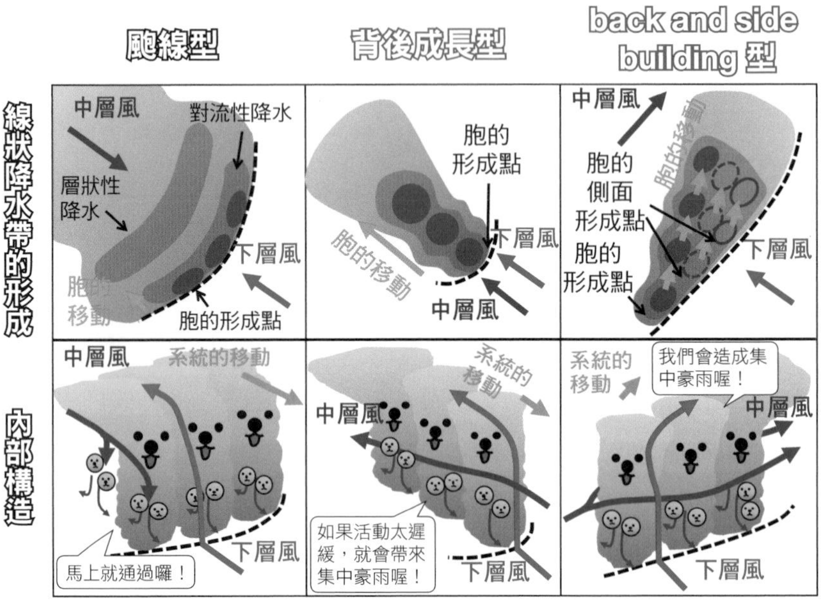

圖 4・66　線狀降水帶的典型形態。

卻不會帶來集中豪雨。一說到squall，大家很容易就會聯想到熱帶地區的局部性降雨，但它原本指的是陣風，以航海用語來說，意思是伴隨著陣風的局部性暴風雨。它們在組織成線狀後便成了颮線型。另一方面，若是背後型成長與back and side building型，移動速度則較慢，但在下層風的上側會持續形成新的積雨雲，因此這兩種類型可說是會帶來集中豪雨的典型降水系統。

不只是線狀降水帶，在颱風接近時，因地形影響而形成的**地形性豪雨**也會帶來集中豪雨（影片4・11）。當大量水蒸氣撞擊到山地時，會因為地形所造成的強制上升而形成下層雲（圖4・67）。在這種下層雲中，當降水粒子從上空的雲落下後，會和

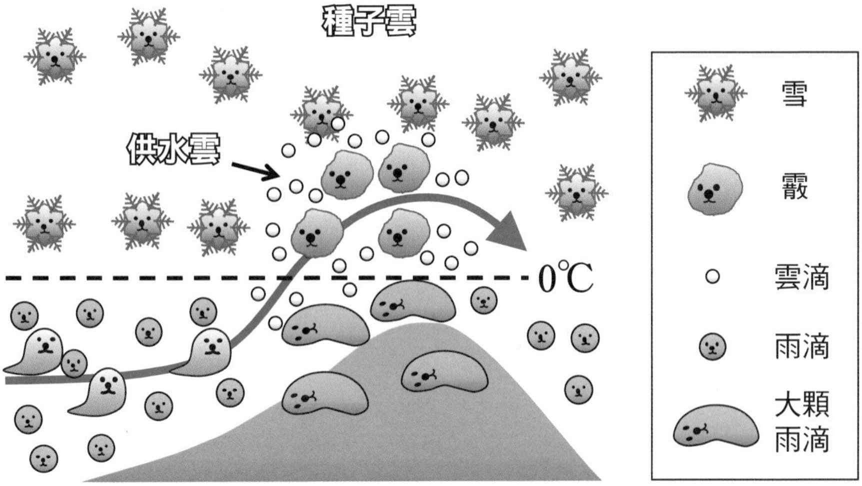

圖 4・67　種雲播雲機制所造成的降水強化。

低雲的雲粒發生作用，造成粒子的成長。比方說，當落下的降水粒子是雨滴時，就會和下層的雲滴撞擊、合併成長，如果落下的降水粒子是雪，就會因為下層的過冷雲滴而進行雲滴捕捉成長。這個時候，上空的雲是種子雲（seeder cloud），下層的雲是供水雲（feeder cloud），像這種發生於山地的降水強化過程，稱為**種雲播雲機制**（seeder-feeder mechanism）。

對集中豪雨來說，因綜觀尺度的鋒與地形所造成的強制上升非常重要，是一種比局部性大雨更容易預測的現象，重點是從形成到衰退的時間點以及雨量等的正確預測。當預測到集中豪雨時，氣象資訊除了預測雨量，也會呼籲民眾注意。在想像其雨量數值極多的同時，也要確實做好準備，在危險接近前先行避難。

圖4・68　冰雹。2012年5月6日茨城縣東海村，荒川和子小姐提供。

從天空降下的巨大冰塊——冰雹

在春秋的季節轉換之際，有時會隨著多胞和超大胞出現降雹現象（圖4・68）。有些冰雹甚至會長得像葡萄柚那麼大，其落下的速度高於每秒三十公尺（時速一〇八公里）。除了二〇一〇年在美國觀測到的直徑二〇・三公分的冰雹，根據紀錄，一九一七年六月二十九日在現今的埼玉縣熊谷市附近，也曾觀測到直徑二十九・六公分的冰雹，與重達三・四公斤的冰雹。

冰雹是成長過程與霰很類似的冰粒，直徑不到五公釐稱為霰，超過五公釐則稱為冰雹。霰是積雨雲內雪結晶和冰粒捕捉過冷雲滴而形成的，從融解層（〇℃高度）落下的霰表面已經融解，形成水膜（圖4・69）。當霰因積雨雲中的強勁上升氣流被抬升到比融解層更高的天空時，表面便會開始凍結，之後就會一邊進行雲滴捕捉成長，一邊落下，然後再度被往上抬升，在不斷重複的上下運動過程中，霰便長成了冰雹。進行雲滴捕捉成長之後，凍結的過冷雲滴之間雖然會出現隙縫，但表面融解、形成水膜的部分沒有隙縫，因此若將冰雹橫切開來，可以發現它有著如年輪般的構造（圖4・70，224頁）。此外，冰雹的形狀雖多為球型、

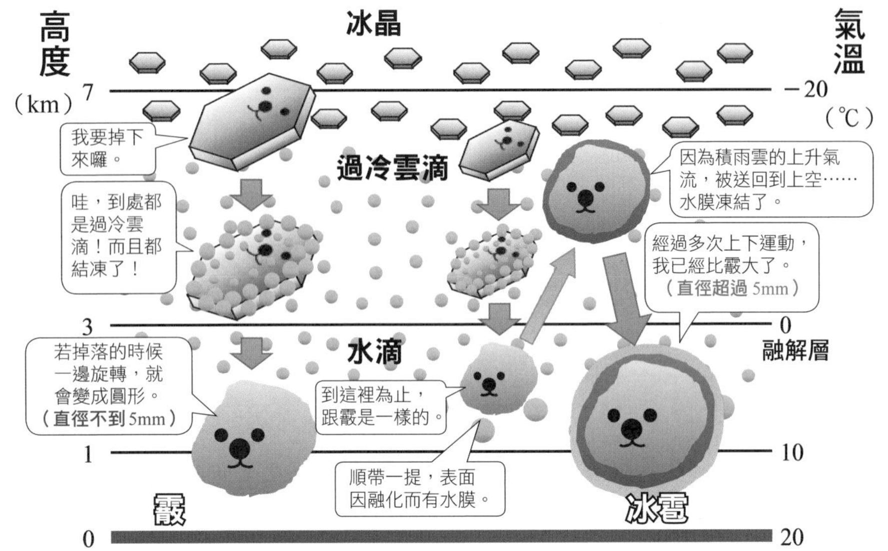
高度
（km）
冰晶
氣溫
（℃）
7
−20
我要掉下來囉。
過冷雲滴
因為積雨雲的上升氣流，被送回到上空……水膜凍結了。
哇，到處都是過冷雲滴！而且都結凍了！
經過多次上下運動，我已經比霰大了。（直徑超過5mm）
3
0
水滴
融解層
若掉落的時候一邊旋轉，就會變成圓形。（直徑不到5mm）
到這裡為止，跟霰是一樣的。
1
10
順帶一提，表面因融化而有水膜。
霰
冰雹
0
20

圖4・69　冰雹的形成過程。

橢圓形或圓錐型，但也有帶刺的冰雹（圖4・71，224頁）。這種構造並不是冰粒們緊密相連，而是融解的表面再度凍結時形成的。

降雹時，會造成屋頂、玻璃窗或小客車的損壞，對農作物也會造成極大傷害，除此之外，若人類被冰雹打到，也有可能會受傷，是非常危險的現象（影片4・12）。降雹時，請馬上躲進堅固的建築物內避難。若冰雹已不再落下，確認狀況很安全時，可以在冰雹融解前將其割開、看看剖面，如此便可了解不斷在雲裡進行上下運動的冰雹。

落雷其實並沒有落下？雷的科學

落雷會跟積雨雲一起出現，很容易在夏天進行戶外活動時引發落雷事故，或是因為停電而對經濟造成大幅影響（圖4・72，224頁）。

若積雨雲中發生電荷分離，為了加以中和，會出現放電現象（第三章第五節，161頁）。以夏天的積雨雲為例，若我們觀察雲中電何分布，可以發現從下層到上層是帶著正電、負電、正電的三極構造（圖4・73，226頁）。中層的負電荷會往下層的正電荷區域移動，在雲內進行中和，然後一邊在雲底下延伸、形成分枝，一邊尋找到達地表的最短路徑。這些已經進行分枝的負電荷具有前進二十至五十公尺後會先暫停片刻，之後再繼續前進的特徵，名為**步進導閃**（stepped leader）。當它接近地面時，帶有正電的地面電荷會變強，正電荷會從樹木或鐵塔等高處朝向天空延伸。這些

（上）圖 4・70　冰雹的剖面。2012 年 5 月 6 日茨城縣東海村，荒川和子小姐提供。
（中）圖 4・71　冰雹。2017 年 7 月 18 日東京都，町田和隆先生、小澤加奈小姐提供。
（下）圖 4・72　落雷的模樣。2014 年美國愛荷華州，NOAA Photi Library 提供。

正電荷彼此相遇，形成放電路徑後，許多正電荷會從地面向雲流動，引起**回閃擊**（return stroke）。

回閃擊之後，從雲內朝地面的負電荷電流會在同樣的路徑上形成，出現宛如箭頭般的放電，稱為**突進導閃**（或鏢型前導放電，dart leader）。在不斷重複回閃擊和突進導閃之後，雲內的電荷就會逐漸被中和。從步進導閃開始朝向地面，到電荷被中和的這一連串對地放電的過程，約在〇．五秒的短暫時間內發生。我們的眼睛看不見步進導閃，我們所認為的閃電則是回閃擊和突進導閃的光。

雷總是會讓人聯想到夏天，但在冬季的日本海沿岸也會觀測到很多雷。以夏天的落雷來說，被中和的電荷主要是負電，故稱**負極性落雷**，但冬天的落雷有一半是正電荷受到中和的**正極性落雷**。夏天積雨雲的雲頂高度為八至十六公里，因擁有三極構造，所以下層正電荷會形成落雷，相對於此，冬天日本海沿岸的積雨雲雲頂高度較低，只有四至六公里，會從帶正電的雲上部朝向地面放電。冬天的正極性落雷能量比夏天的負極性落雷還大，因此落雷會非常強勁。

在雷雨稍微停歇、天氣開始放晴時，經常發生在戶外遭到雷擊，甚至致死的意外。可以清楚聽見雷鳴，表示積雨雲距離我們不到十至十五公里，就算上空有短暫的晴朗，只要可以聽見雷鳴，就有落雷的可能，此時最好在建築物或自家車中避難。

雲所孕育出的龍捲風和陣風

會引發陣風災害的代表就是龍捲風（影片4．13）。日本氣象廳將龍捲風定義為「伴隨著從積

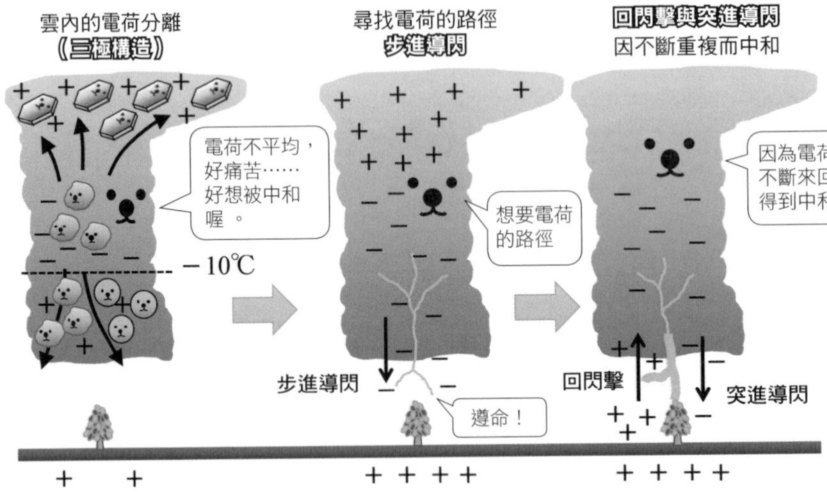

雲內的電荷分離
《三極構造》
尋找電荷的路徑
步進導閃
回閃擊與突進導閃
因不斷重複而中和
電荷不平均，
好痛苦……
好想被中和
喔。
－10℃
想要電荷
的路徑
因為電荷的
不斷來回，
得到中和。
步進導閃
遵命！
回閃擊
突進導閃

圖4·73　負極性落雷的形成。

雲或積雨雲垂直向下的柱狀或漏斗狀雲，所出現的激烈垂直漩渦」。關於龍捲風的強度，現在全球普遍使用根據藤田哲也博士在一九七一年所設定出的**藤田級數**（Fujita scale）為指標。在日本國內，根據受害規模與風速，將龍捲風的強度分為JEF0至JEF5六個階段，此乃日本版改良藤田級數。日本國內最強的龍捲風為JEF3（二〇一七年十一月），這麼強勁的龍捲風通常會和超大胞一起出現（圖4·74，第四章第三節，198頁）。

龍捲風的漩渦會呈順時針或逆時針方向旋轉，日本的龍捲風有八五%都呈逆時針方向旋轉，一五%呈順時針方向旋轉。不過，伴隨著超大胞而出現的龍捲風會和呈逆時針方向旋轉的中氣旋一起出現，所以在經常出現超大胞的美國，幾乎所有的龍捲風都是呈逆時針方向旋轉。

在日本觀測到的龍捲風，大部分都和積雨雲一

（上）圖 4・74　隨著超大胞而形成的龍捲風。2014 年 6 月 18 日美國南達科他州，NOAA Photo Library 提供。
（下）圖 4・75　在海上形成的非超大胞龍捲風。2014 年 9 月 16 日石川縣，沖野勇樹提供。

起出現（而非超大胞），稱為**非超大胞龍捲風**（non-supercell tornado）。在大海或湖泊等水面上排成一列的水上龍捲風就是典型例子（圖4・75）。這種龍捲風多半發生在垂直風切很小的環境，因局部性鋒面上的水平風切不穩定而造成名為**微氣旋**（misocyclone）的小型漩渦，會因為積雲或積雨雲的上升氣流而延伸、發展（圖4・76，228頁）。這個時候，如果在局部性鋒面上聚集的風呈順時針旋轉，漩渦就會以順時針方向旋轉。

下爆流（downburst）也是引發陣風災害的主要原因之一（圖4・77，229頁）。下爆流指的是「積雲或積雨雲孕育出的寒冷、沉重下降氣流」，

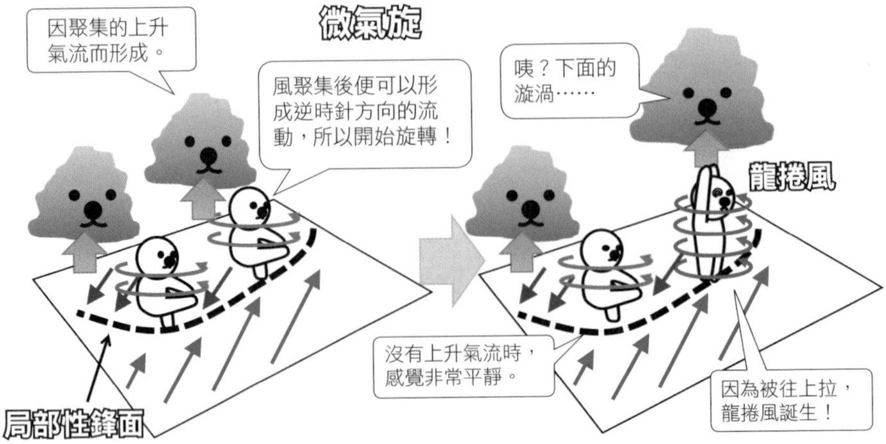
微氣旋
因聚集的上升氣流而形成。
風聚集後便可以形成逆時針方向的流動，所以開始旋轉！
咦？下面的旋渦……
龍捲風
局部性鋒面
沒有上升氣流時，感覺非常平靜。
因為被往上拉，龍捲風誕生！

圖 4・76　非超大胞龍捲風的形成過程。

抵達地面之後，會很激烈地吹向四周。其水平範圍在數公里以下，壽命約十分鐘左右。此外，風吹拂的水平範圍在四公里以下的稱為**微爆流**（microburst），四公里以上的稱為**巨暴流**（macroburst）。積雨雲發達時，一定會出現下爆流。

根據大氣下層的濕潤程度，下爆流有兩種運作機制。一種是**乾下爆流**（dry downburst）。當雨滴從積雨雲落下時，因為往下拉扯的力量而形成下降氣流，下降氣流中的雨滴會在下層的乾燥區域快速蒸發。這麼一來，下降氣流便會因為潛熱被奪走而變冷、變重，進而加速，在抵達地面時引起陣風。乾下爆流會出現在冬季的關東地區，旛狀雲會提醒我們注意危險。另一種在下層潮濕時發生的是**濕下爆流**（wet down-burst），這是會造成雨滴蒸發的乾燥空氣流入中層，下降氣流因冷卻而變強所形成。

除此之外，也會造成陣風鋒面的經過，以及伴隨著塵捲風而出現的陣風災害。陣風會在極短的時間內發生，常常會來不及避難。最好的方法是不要錯過積雨雲接近這個訊號，在現象發生前躲進堅固的建築物裡。

圖4・77　下爆流。NOAA Photo Library 提供。
圖4・78　隨著溫帶氣旋而出現的雲。2012年4月3日，NASA EOSDIS worldview 的 Aquia 衛星所拍攝的可見影像。

溫帶氣旋的一生——轉變為炸彈氣旋

日本有句話說：「天氣變化從西邊開始。」這便是隨著上空的偏西風，從西邊移入的溫帶氣旋所造成的（圖4・78）。快速發展的低氣壓又稱為**炸彈氣旋**（bomb cyclone），是造成暴風雨或暴風雪的主要原因。

首先，讓我們來看看溫帶氣旋的一生。要形成溫帶氣旋，在大氣下層北邊要有冷氣團，南邊要有暖氣團，而在兩者之間必須形成滯留鋒（圖4．79①）。另一方面，若上空的偏西風出現蛇行，便會形成冷空氣從北方南下的上空**低壓槽**（trough），以及暖空氣從南方北上的**高壓脊**（ridge）。這個時候，伴隨冷空氣的低壓槽上空會有逆時針方向氣流，這道氣流也會往下層移動。當低壓槽從西方接近滯留鋒時，下層空氣也會出現低氣壓性旋轉，形成伴隨**冷鋒**與**暖鋒**的溫帶氣旋（圖4．79②）。溫帶氣旋會從低壓槽取得能量而逐漸發展。當低壓槽來到溫帶氣旋中心的正上方附近時，低氣壓的漩渦會增強，冷鋒會追上暖風，形成**囚錮鋒**（圖4．79③）。而在低壓槽從東邊離開後，溫帶氣旋因為失去鋒面結構，氣旋中心的氣溫比周圍還要低（**冷心氣旋**，cold-core cyclone），便開始逐漸衰退（4．79④）。

伴隨著溫帶氣旋而出現的雲，會因為與暖鋒和冷鋒的關係位置而有所不同（圖4．80，232頁）。暖鋒面的傾斜較為和緩，所以以層狀雲居多，當接近地面的鋒面時，會轉變為卷雲、卷層雲、高積雲、高層雲或雨層雲。另一方面，冷鋒較陡，是引發對流初生、積雨雲容易發展的環境。在溫帶氣旋成熟期，這些雲會彼此相連，從衛星上來看，會呈現出逗點狀的雲（圖4．78，229頁）。針對炸彈氣旋，經常會使用「二十四小時內，中心氣壓下降超過24 hPa x sin（緯度）/sin（60度）以上的低氣壓」這個指標，比方說，如果是北緯三十五度，二十四小時內中心氣壓下降約16 hPa的溫帶氣旋，就稱為炸彈氣旋。溫帶氣旋若要成長為炸彈氣旋，除了來自低壓槽的能量，來自海面的熱供給，以及隨著雲的發展而出現的潛熱釋放也非常重要。

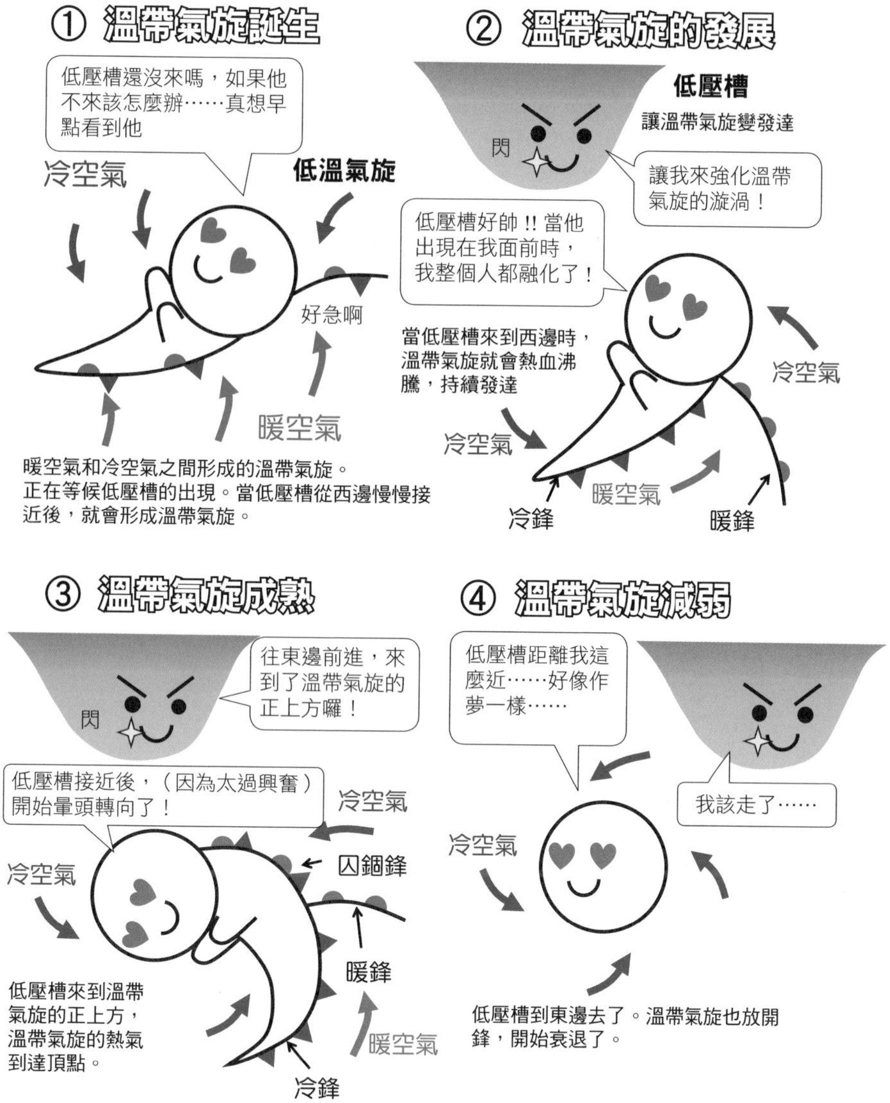

圖 4・79　溫帶氣旋的一生。

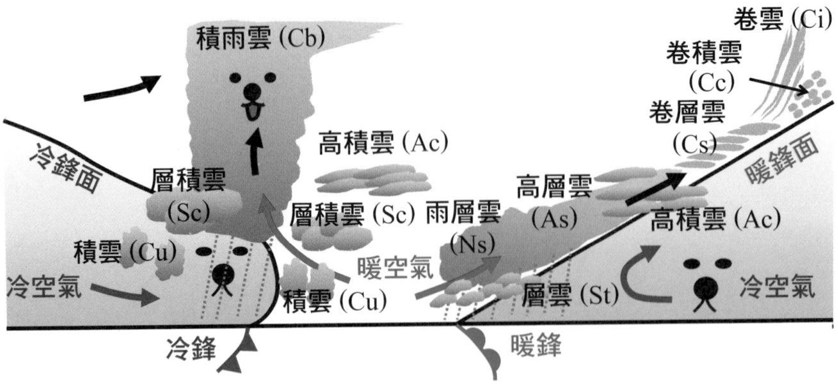

圖4．80　隨著溫帶氣旋而出現的雲之示意圖。

炸彈氣旋會在廣大範圍內引起暴風，是在冬季造成大雪與暴風雪的原因。冷鋒與暖鋒之間的區域，若有來自南方的極度潮濕暖氣，會出現發達的積雨雲帶來的落雷、龍捲風等陣風，以及線狀降水帶（圖4．66，220頁）所造成的集中豪雨。在低氣壓中心附近，有時也會出現因氣壓降低與暴風所引發的漲潮。日本氣象廳將炸彈氣旋形容為「**急速發展的低氣壓**」來吸引民眾注意，所以聽到這個字眼的時候，必須比平常更加謹慎，為可能發生的暴風雨做好準備。

巨大而激烈的漩渦——颱風

颱風是形成、發展於西北太平洋上的低氣壓（圖4．81）。日本位於颱風行走的路徑上，每年都會受到巨大影響（影片4．14）。在其他海域也會形成和颱風一樣的低氣壓，這些低氣壓在北大西洋稱為颶風，在印度洋稱為氣旋。溫帶氣旋在暖空氣與冷空氣之間形成、成長，相對於此，颱風是只靠暖空氣而形成的低氣壓。

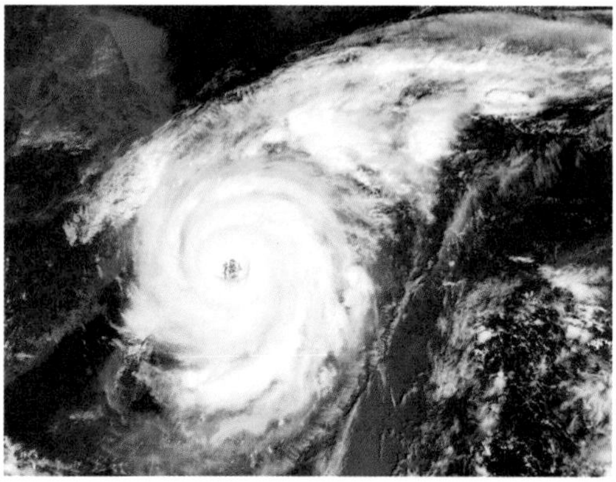

圖 4・81　隨著颱風而出現的雲。2017 年 9 月 14 日，NASA EOSDIS worldview 的 Terra 衛星所拍之可視影像。

颱風是最大風速每秒十七・二公尺以上的**熱帶氣旋**（tropical cyclone）。依照最大風速分為「輕度颱風」、「中度颱風」、「強烈颱風」，根據強風區域（平均風速每秒十五公尺以上）的大小，分為「大型」與「超大型」。颱風名稱則由各國颱風相關組織所取的、一百四十種已標示順序的名字依序使用，以日本來說，有形成星座的蠍子、兔子、小熊、鴿子等名稱。

在颱風形成的北緯十度西北太平洋附近，夏季時有來自太平洋高氣壓的東北信風與跨越赤道而來的西南季風兩者相遇所形成的**熱帶輻合帶**（Intertropical Convergence Zone，ITCZ）。很多積雨雲會在這裡形成、發展，而颱風就誕生自積雨雲組織化後所形成的雲簇（cloud cluster）。可能形成颱風的雲簇稱為INVEST，因為發展中積雨雲內的潛熱釋放，導致地面氣壓變低。這種發展中的低氣壓便是熱帶氣旋。熱帶氣旋需要幾個條件才會形成颱風，其中包含柯氏力的影響、垂直風切很小、海水溫度在水深六十公尺範圍內都超過二十六℃，以及因為中層潮濕，大氣狀態變得不穩定。

颱風會以來自大海的水蒸氣和來自積雨雲的潛熱作為動力，變得更強。從颱風的發展期到顛峰期這段期間，會發展出颱風眼的構造，並出現與名為**眼牆**（eyewall，就好像要把眼睛包圍起一般）的強烈上升氣流一起出現的積雨雲之牆。這個時候，眼牆的外側會出現幾個名為**螺旋雨帶**（spiral rainband）的螺旋狀降水區域。颱風眼有著溫度比周圍更高的結構（**暖心氣旋**，warm-core cyclone），因逆時針旋轉的氣流而在地面附近集結的空氣，在上部以順時針方向吹出。

若是非常強烈的颱風，眼牆有時會變成好幾層重疊，名為**多重雲牆**（圖4・82）。此外發展成熟的颱風眼中，可以看見多個名為颱風眼牆中尺度渦旋的小漩渦（圖4・83，影片4・15），颱風眼牆中尺度渦旋在颱風眼四周呈逆時針方向旋轉，加上颱風本身的風，不僅讓風速產生極大的轉變，也讓眼睛的形狀變成五角或六角型（**多角形眼**）。

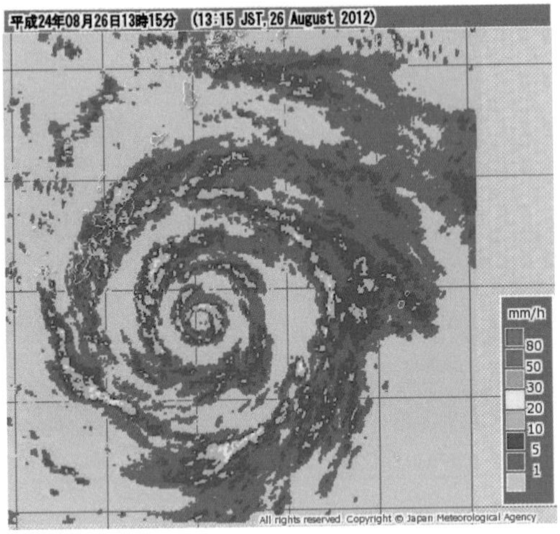
平成24年08月26日13時15分 (13:15 JST 26 August 2012)
mm/h
80
50
30
20
10
5
1
All rights reserved Copyright © Japan Meteorological Agency

圖4・82　於2012年伴隨著第十五號颱風而出現的三重雲牆。節錄自氣象廳網頁。

颱風會帶來各種類型的災害，成熟的颱風會出現平均風速每秒二十五公尺以上的**暴風帶**，有時中心附近的最大瞬間風速甚至可能高達每秒七十公尺（時速二五二公里）。因為暴風的緣故，海面會出現暴風雨，颱風中心附近也會出現氣壓降低與暴風引起的漲潮。在颱風前進方向的右前方，有時會出現**迷你超大胞**（mini-supercell）這種較低超大胞所引發的龍捲風，颱風接近時務必注意由陣風引起的災害。

颱風引發的災害中，最重要的是大雨。在颱風中心北側到東側，螺旋雨帶經常受到山地的阻擋，發生地形性豪雨。就算颱風位於距離日本南方很遠的地方，位於日本附近的滯留鋒南側也會出現明顯的大雨（圖4・84）。這種現象經常會被解釋成「來自颱風的溫暖潮濕空氣對鋒帶來刺激」，但事實上是因為上空的噴射氣流和低壓槽的影響，下層的偏南風受到增強，加上颱風在鋒的南側進行水蒸氣供給，因對流活動旺盛所以帶來大雨，這種現象稱為PRE（Predecessor Rain Event），即使颱風遠離，依舊必須對大雨災害提高警覺。

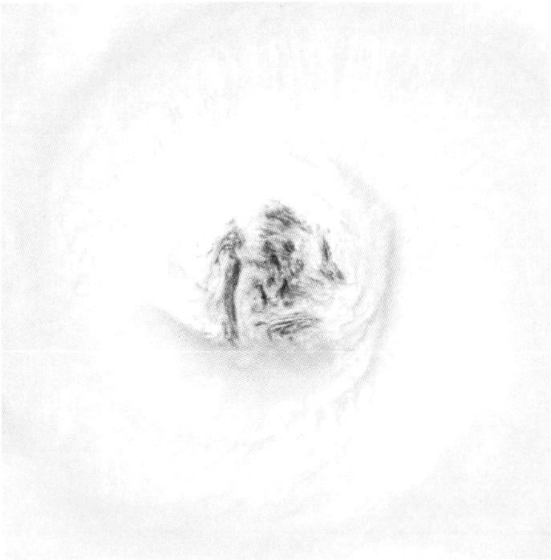

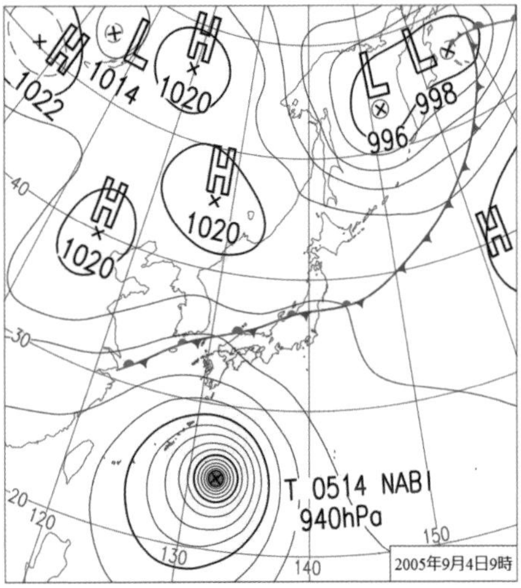

（上）圖4・83　將眼牆中尺度渦漩可視化的雲。2017年9月14日，NASA EOSDIS worldview 的 Terra 衛星所拍攝之可視影像。

（下）圖4・84　氣象廳網頁上2005年9月4日九點的地面天氣圖。這一天出現了以首都圈為中心的紀錄性大雨。

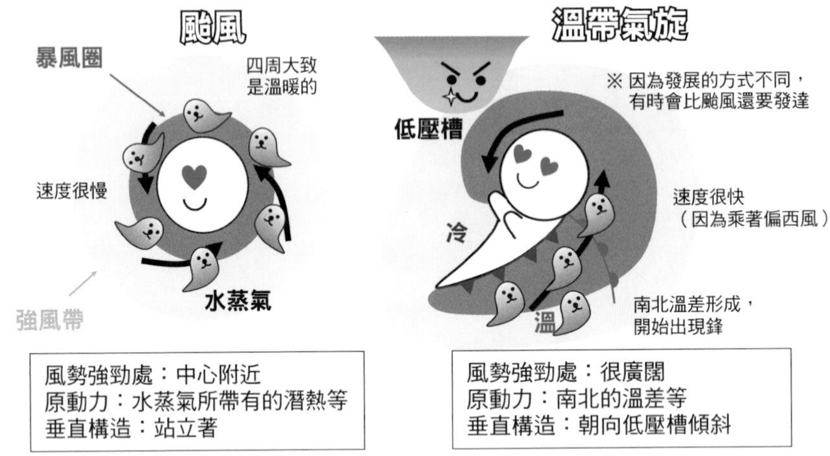

圖4・85　颱風與溫帶氣旋的差別。

當颱風北上至日本附近，受到上空的偏西風或低壓槽影響後，構造會產生變化，成為溫帶氣旋。很多人都以為「當颱風變成溫帶氣旋後就可以安心了」，事實上，這只是它的構造與發展過程出現變化而已，變成溫帶氣旋之後，更容易造成中心氣壓降低、讓低氣壓更加發達（圖4・85）。再者，伴隨著低氣壓所出現的暴風和強風區域範圍也會比颱風時更加擴大，也會發生大雨或龍捲風等陣風。因此不管是颱風還是低氣壓，都必須小心警戒，不能輕忽。

因為颱風是在海上發展，所以多半是透過衛星觀測，或是等它接近陸地之後再進行雷達觀測及研究。最近，也利用飛行載具進入颱風進行直接觀測，預計將更能了解颱風的實際狀態。

大雪的形成過程

冬天時，各地都會降雪，有時還會發展成引發嚴重災害的**大雪**（torrential snow），但是在日本海沿岸與太平洋沿岸，會造成下雪的雲截然不同。多雪的日本海沿岸等地區被指定為特別大雪地帶，在新潟縣的山邊，積雪有時甚至高達三至四公尺。讓我們來想一想這是什麼樣的積雪（圖4・86）。

若是新雪，可以將每一公分的積雪換算成一公釐的降水量，但現實中的積雪會因為上頭積雪的重量而被壓縮，所以每一公分積雪約相當三公釐降水量的重量。根據這樣的計算方式，如果當每邊皆六公尺的房屋屋頂上積了三公分的積雪，就相當於每一平方公尺的房屋上承受著九個小個頭相撲選手的重量（每人重一百公斤，總計為〇・九噸），整個屋頂總共承受三百二十四位小個頭相撲選手的重量（三二・四噸）。因此，在雪國需要特別的技術來除雪。

海洋對日本沿岸的大雪非常重要（圖4・87，238頁）。在冬季的歐亞大陸，因為輻射冷卻的關係，地面氣溫會下降至低於零下三〇℃，成為西高東低的冬型氣壓分配之後，這股冷空氣會形成西北季風，吹向日本海。即使在冬天，日本海的海面水溫也有五至十五℃，對冷空氣而言根本是熱水澡的

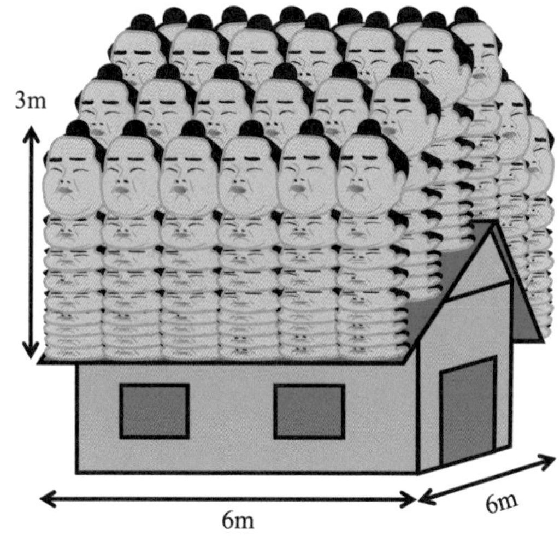

圖4・86　累積3m的積雪重量示意圖。

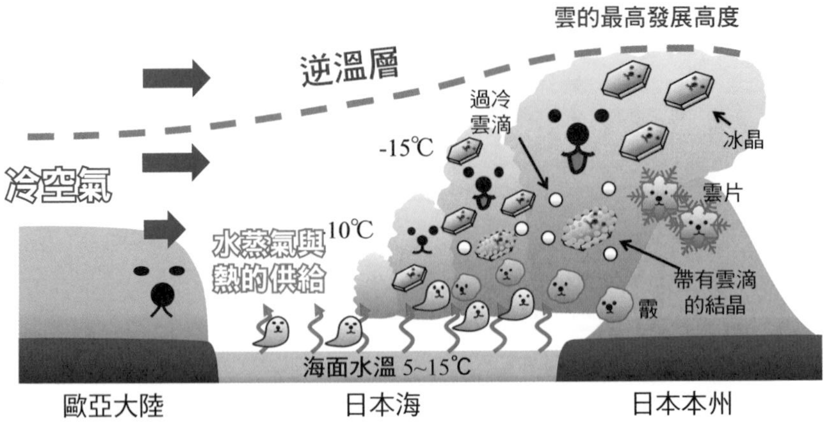
雲的最高發展高度
逆溫層
冷空氣
過冷
雲滴
-15℃
冰晶
雲片
10℃
水蒸氣與
熱的供給
帶有雲滴
的結晶
霰
海面水溫 5~15℃
歐亞大陸
日本海
日本本州

圖 4・87　氣團變性過程示意圖。

狀態。吹出的冷空氣會接收到海面提供的熱與水蒸氣，接近本州時，便會形成溫暖潮濕的氣團。像這樣因受到大海影響，讓氣團特性發生變化，稱為**氣團變性**（air-mass transformation）。因為氣團變性，大氣狀態變得不穩定，積雨雲會逐漸發展、抵達本州的山地，結果因為種雲播雲機制，山地的降雪受到增強，形成大雪，這樣的大雪稱為**山雪型豪雪**。

在冬季的日本海上，造成降雪的典型雲系統非常發達（圖 4・88，影片 4・15）。在衛星畫面上，可以看見在吹出冷空氣的同時所形成的**雲街**，有些雲和冷空氣吹出的方向平行，有些則呈現垂直，這些雲分別稱為**平行雲街**（longitudinal-mode cloud street）與**垂直雲街**（transverce-mode cloud street）。此外，當冷空氣從歐亞大陸吹出來時，在日本海上和流入朝鮮半島及大陸銜接處的氣流相遇，就會形成名為**日本海極地氣團輻合帶**（Japan sea Polar air mass Convergence Zone，JPCZ）的發達積雨雲之雲系統。

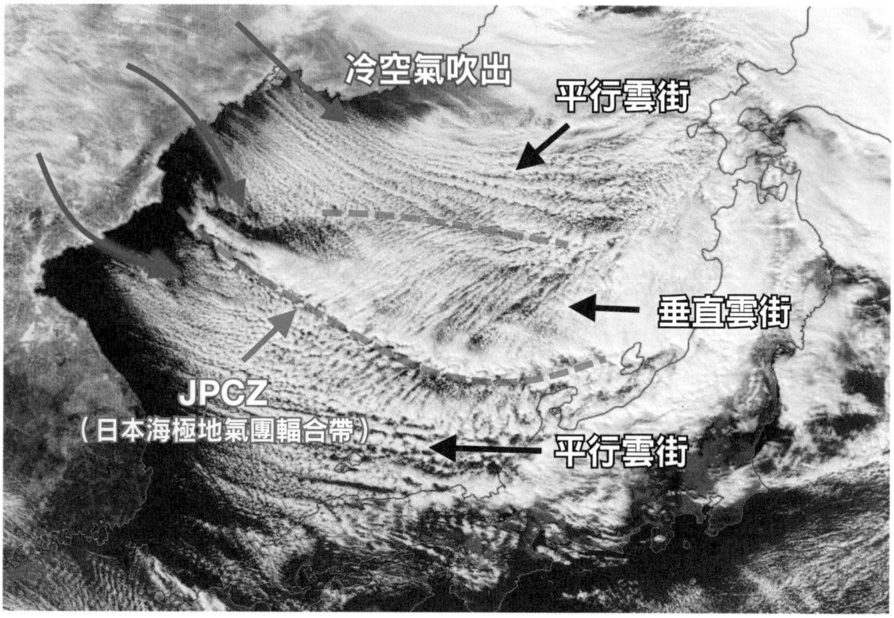
冷空氣吹出
平行雲街
垂直雲街
JPCZ
（日本海極地氣團輻合帶）
平行雲街

圖4・88　在冬季的日本海上出現的典型雲系統。2013年1月13日NASA EOSDIS worldview的Aquia衛星所拍攝之可視影像。

若伴隨著JPCZ出現的雲持續一直存在，或是帶狀降雪系統停滯後，在平原也會出現大雪，稱為**帶狀降雪系統**。此外在冬季的日本海上，又稱為冬季颱風的中規模低氣壓**極性低壓**（polar low）有時會逐漸發展（圖4・89，240頁），不只會造形成暴風雪、造成交通阻礙，也會引發大規模停電。

在日本海沿岸，造成降雪的雲基本上是積雨雲，所以降落至地面的雪結晶多半是霰或樹枝狀結晶所形成的雪片。另一方面，我們知道太平洋沿岸的大雪，會伴隨著在本州南海上前進、名為**南岸氣旋**（south-coast cyclones）的溫帶氣旋而發生（圖4・90，240頁）。二〇一四年二月十四至十五日，隨著南岸氣旋的經過，關東甲信地區之內陸區域出現了歷史性大雪，不僅阻礙交通，也造成聚落孤立、雪崩、因雪的重量而導致建築物與農業溫室損壞，以及積雪造成的停電等各種的冰雪災害。

伴隨著南岸氣旋的太平洋岸降雪非常難以預測，因為南岸氣旋所造成的降雪，與低氣壓的位置和發展程度，以及伴隨著低氣壓出現的雲、降水和地表狀態等有著複雜關係，必須全部加以正確預測。特別是在過去，幾乎沒有仔細觀測造成降雪的雲有何特性，以致現在仍有很多未知部分。因此，日本氣象廳氣象研究所已經開始進行「#關東雪結晶計畫」（3），向降雪時居住在關東甲信地區的民眾募集雪結晶照片。根據這個計畫蒐集到的觀測資料，將可了解造成降雪的雲的特性，以提高未來的降雪預測精準度。希望各位可以積極參與雪結晶觀測活動（第五章第二節，259頁中有針對拍攝方式進行說

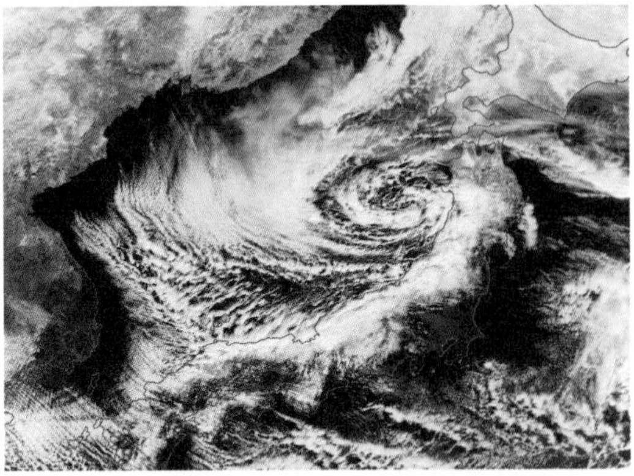

（上）圖4・89　隨著極性低壓而出現的雲。NASA EOSDIS worldview 的 Terra 衛星所拍攝之可視圖像。

（下）圖4・90　隨著南岸氣旋而出現的雲。2014 年 2 月 15 日，NOAA View 的索米國家極地軌道夥伴衛星所拍攝之可視圖像。

明），藉由活動更進一步了解雪，並且在預測會有大雪時確實做好防災準備。

4・5 經常讓人感到害怕的雲和天空

真有所謂的地震雲嗎？

以**地震雲**這種形象引發眾人議論的雲，其實都是可以用氣象學來說明的雲。**雲不是地震的前兆**，但是之所以地震雲這種非科學性的概念經常在社會上引起討論，乃是因為大家對雲的愛還不夠普及。那感覺就像是一個沒有任何怪異之處的普通人，只因名字被弄錯，就讓人感到害怕一樣。

所謂地震雲的定義非常模糊，有人說它是地震的前兆，以科學性的中立角度來看，正確說法是「地震雲的存在並沒有得到證實」。或許有人會認為，說不定將來有人可以證明它們的存在，但這個問題和難以證明幽靈的存在其實是一樣的。有人說，所謂地震雲是隨著地下深處狀態的變化，在大氣中釋放電磁波，進而形成雲，但這個過程其實非常不清楚。就算發自地底深處的電磁波對雲造成某些影響，至少在世人口中經常被稱為地震雲的雲，已經可以從力學或雲物理學的角度來進行說明，所以不可能只以我們的眼睛來觀察雲的形狀，就斷定其影響。

讓我們來看看大家都稱什麼樣的雲為地震雲。首先，最常被稱為地震雲的就是凝結尾（圖4・91，242頁）。若上空處於潮濕狀態，凝結尾就會成長、變寬，但以透視法的角度來說，遠離觀測地點的天空中所出現的雲看起來就像是站著。此外，背風波等伴隨著高、中層大氣重力波而出現的波狀雲也經常被稱為地震雲。有人認為，像這種波狀雲會隨著地下的異常，因重力場變動而形成。事實上，大氣狀態對大氣重力波的形成而言非常重要，但和重力場的變動無關。此外，當藍天和雲的界線非常清楚時，也經常被稱為地震雲（圖４．92）。若我們從衛星上確認這個時候的雲，就可以發現它們是對應地面滯留鋒和偏西風而長長延伸（圖４．93）。就像這樣，在氣團邊界，藍天和雲域清楚分開是極為常見的現象。除此之外，隨著上空的氣流而形成輻射狀、莢狀的雲似乎也被當成地震雲，讓人感到害怕。也有人說，鮮紅色的天空和深紅色的太陽、月亮也和地震有關，但事實上，這些現象都可以用瑞利散射來說明（第三章第一節，112頁）。最近，甚至還有人透過社群媒體詢問：「彩雲、暈和弧等大氣光象是地震雲嗎？」似乎雲以外的許多東西也都被解釋成與地震有關。

圖 4・91　凝結尾。2014 年 6 月 26 日茨城縣筑波市。

我在本書中介紹的，都是平常時仰望天空就會經常看到的雲。地震雲這種概念，感覺像是平常很少仰望天空的人，偶爾抬頭看看天空時所看到的雲，或是在大規模地震後看到時，就說那些普通的雲是地震雲。這種現象應該就

（上）圖 4・92　高積雲。2017 年 10 月 13 日鳥取縣東伯郡琴浦町，氣象新聞公司提供。

（下）圖 4・93　出現在 2017 年 10 月 13 日的雲。黃色箭頭是圖 4・92 的觀測地點。由向日葵八號衛星所拍攝之可視影像，節錄自氣象廳氣象衛星中心網頁。

是出於將自己不認識的現象歸類為不吉利的東西，以求安心的心理。現在我會對提出「這是地震雲嗎？」這種問題的人說：「這是〇〇雲，只是一般的雲。」讓他安心。如果這樣還不夠，他還是會擔心地震，那就應該**從平常開始就要多加了解，而且還要仔細地欣賞雲**。如果可以一邊享受觀雲之樂，一邊傾聽雲的聲音，便能透過觀天望氣來預測天氣的變化，還可以擁有充實的賞雲生活。

除了地震雲之外，也有人以陰謀論在談論雲。就算只是單純的凝結尾，他們也會認為那種雲會散布有害物質，或是認為普通的雲或大氣光象是氣象武器或地震武器的實驗所造成的。請容我在強調一次，在現代日本，這些完全不是事實。過去曾有部分激進派陰謀論支持者於二〇一六年熊本地震時，在受災戶房屋和市公所建築上以塗鴉寫上「地震武器」，因而遭到逮捕。對支持陰謀論的人來說，或許有其不得不這麼做的原因，但這些原因和氣象學完全無關。有些人則會在我於社群媒體上傳遞對雲的喜愛之後，故意發表一些聳動言論。為了擁有充實的賞雲生活，與其因為那些褻瀆雲的發言而感到心痛，最好的方法就是不要理會，很理所當然地加以封鎖，讓我們**一起來仔細觀察雲朵吧**。

可以透過雷達看見的東西

最近，即使透過智慧手機的應用程式，也可以看到透過**雷達**蒐集到的即時雨量情報。在雷達觀測情報中，包含了明明沒有下雨，卻出現的**非降水回波**（non-precipitation echoes）。

在冬天，會出現回波以雷達設置地點為中心，呈甜甜圈狀增強的**亮帶**（brightband）（圖4・94）。全國的雷達會發射出可觀測到降水粒子的電波，透過觀察降水粒子而反射的電波強度，來推測雨或雪可能造成的降水量。那個時候，雷

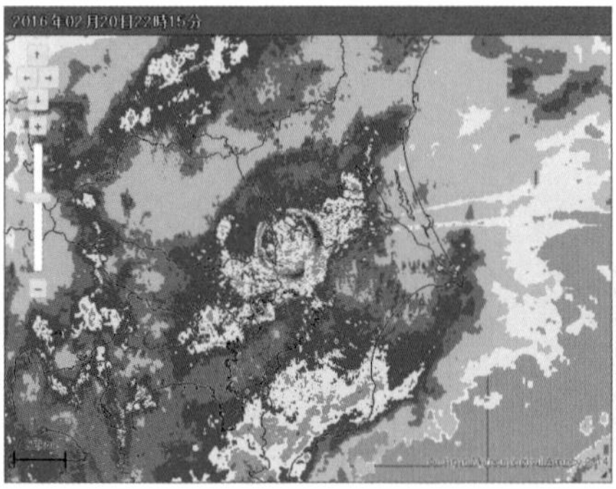

圖4・94　亮帶。出現在東京雷達（千葉縣柏市）的影像。節錄自氣象廳網頁。

達會改變朝向天空的角度，不斷重複三百六十度的觀測，進行全天候掃描。我們所看到的雨量情報就是將整個地球的立體資訊平面化呈現的結果。雪在上空的融解層融化、化為雨的時候，反射電波的能力很強，雷達可以透過亮帶來觀測融解層。若甜甜圈的直徑很大，融解層的高度就很高，反之，融解層的高度就比較低，這也可以用來監視地面是否會降雪。

此外，因為雷達也會觀測到和雨滴同樣大小的東西，所以會觀測到因大規模野外焚燒而往上飛舞的灰，或是隨著火山爆發而出現的煙霧（圖4・95）。除此之外，根據和蜃景同樣的原理，在大

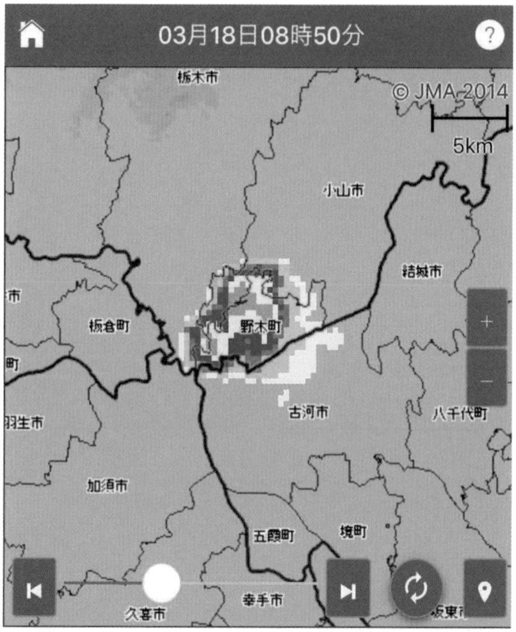

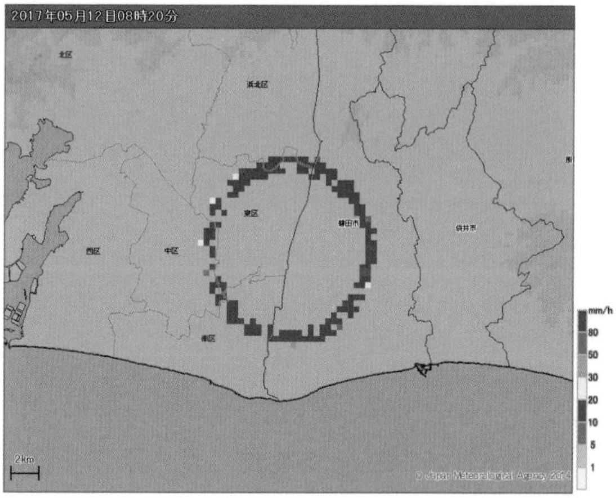

（上）圖 4・95　透過在渡良瀨遊水地舉行的大規模野燒活動中向上飛舞的灰，所觀測到的非降水回波。2017 年 3 月 18 日。節錄自氣象廳網站。

（下）圖 4・96　出現觀測異常的非降水回波。2017 年 5 月 12 日。節錄自氣象廳網。

氣下層的逆溫層，電波會發生折射，所以有時會出現在海面觀察到的**海面雜波**（sea clutter），以及在陸地觀測到的**地面雜波**（ground clutter）等雜訊。這些自然現象和非降水回波沒有關聯，只是因為一些硬體問題而出現觀察異常（圖4・96，245頁）。

非降水回波有時也會被應用在夏季局部性大雨的研究上。在溫暖季節的白天，昆蟲的活動會變得很活躍，牠們會隨著大氣的流動，聚集在局部性鋒面的上升流域。昆蟲的大小和雨滴差不多，雖然訊息很弱，還是可以透過雷達觀測到昆蟲，因此可以觀測到海風鋒。在生態學的領域，我們也可以利用同樣的雷達調查候鳥或蝴蝶的動態。若每天都以雷達預測雲的移動，或許也能知道哪一種回波是非降水回波。

第 5 章

加深對雲的喜愛

解說影片　影片資料

5·1 和雲一起玩耍

想加深對雲的喜愛，最重要的是平常的溝通。在此，我就來介紹幾種和雲玩耍的方式。雖說是玩耍，因為雲漂浮在天空，我們無法和它們接觸，但有些雲還是可以和我們一起玩耍，層雲便是其中之一。

和雲接觸

因為層雲接觸地面時會變成霧，起霧時跑進霧裡，感覺就像人雖然在地面上，卻進入雲裡（圖4·33，196頁，影片5·1）。雲裡十分潮濕，因為雲滴的數濃度很高，所以能見度很差，即使搭著飛機在雲裡飛時，往窗外看去，情況也相同。讓我們試著在雲裡頭深呼吸，將大量的雲滴吸入體內，和雲成為一體。層雲是一種非常成熟穩重的雲，可以讓我們感到平靜，心情浮躁時，很建議大家來看看這種雲。不過，都市中的雲有時是由硫酸鹽粒子扮演雲凝結核，所以最好是到空氣良好地區的雲霧裡，盡情的深呼吸。

此外，出現**濃霧**時，會形成白虹或光環（布羅肯現象）。將汽車頭燈設定在遠光燈模式，然後背對汽車移動到汽車前方數十公尺的位置，這麼一來，就會出現以車燈作為光源的白虹和光環（圖5·1）。建議大家不妨停下車子，在安全無虞的狀況下試一次看看，非常有趣喔。

在夏季的晴天追著晴天積雲的影子玩也很有趣（圖5·2）。晴天積雲的高度約數百公尺至兩

（上）圖 5・1　濃霧中形成的白虹與光環。2016 年 11 月 20 日茨城縣筑波市。
（下）圖 5・2　晴天積雲的影子。2016 年 7 月 31 日茨城縣牛久市。

公里，它們會乘著下層風在空中遨遊。如果追的是扁平積雲或中度積雲，因為影子非常小，很容易追趕。在白天的較早時段來玩這個遊戲，難度比較低，若正中午時氣溫上升，在關東地方因為海風吹來、風勢變強，雲的影子會跑得很快。可以參考**自動氣象數據採集系統**（Automated Meteorological Data Acquisition System）〔4〕的風勢觀測，來判斷遊戲難易度。若風速每秒三公尺（時速約十一公里）那還追得上，若是每秒五公尺（時速十八公里）則大約是自行車的速度。要玩這個遊戲，一定要在做好暖身運動之後，在開闊、安全的環境中進行。如果能夠藉由全力奔跑追上雲的影子，那真是無與倫比的美好。

雲會映照出你的心情

天空是可以映照出心情的鏡子。有多少人仰望天空，就有幾種雲的世界，隨著心情的不同，看到的世界也不一樣。開心的時候仰望的藍天，可以讓我們的心情變得更加愉悅，悲傷時，降雨的天空則彷彿在為我們流淚。

飄浮在空中的雲會隨著大氣的流動而不斷改變模樣，那些模樣會讓我們產生各種的聯想。連結著上空的吊雲看起來就像飛碟一樣，也會讓人聯想起龍的巢穴。飄浮在紅棕色天空的雲，有時會展現出鳳凰或龍一般的神聖姿態（圖5・3）。散布在充滿高積雲和層積雲天空的曙暮光（圖3・10，122頁）也會讓人有走入畫中的錯覺。此外，還有很多狀似小鳥般的彩雲等（圖5・4）。建議大家

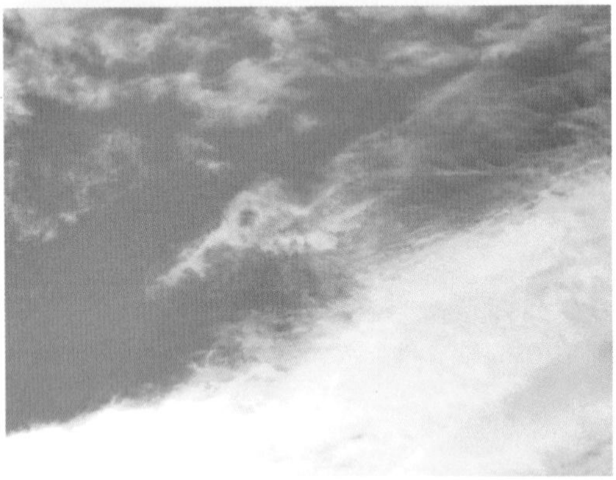

（上）圖5・3　狀似鳳凰的雲。2016年9月1日茨城縣筑波市。
（下）圖5・4　虹色小鳥。2017年7月13日茨城縣筑波市。

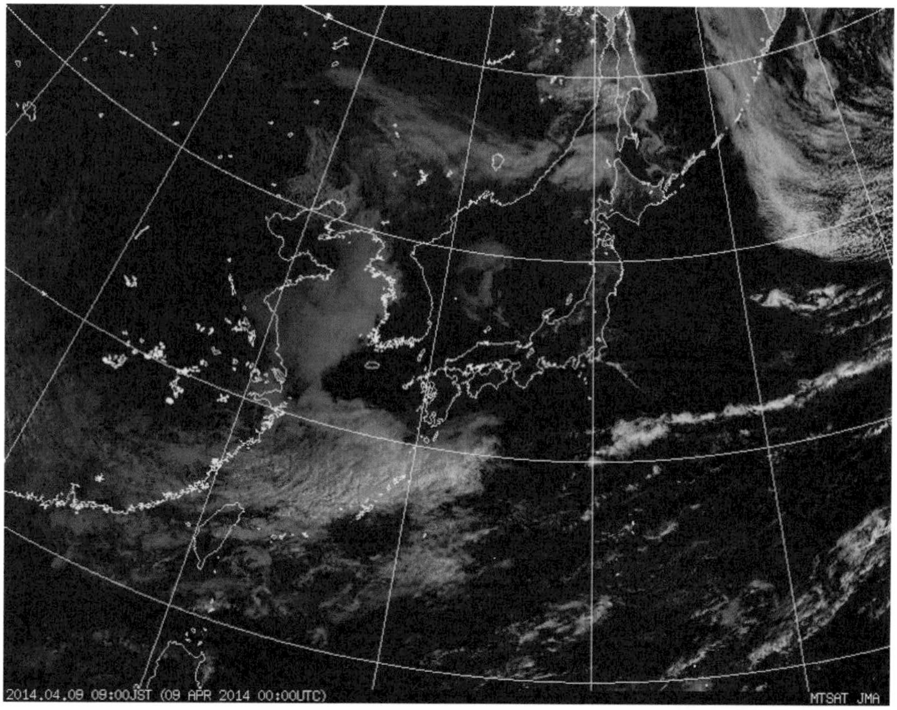

圖5・5　大家應該看得懂吧。2014年4月9日，向日葵七號衛星所拍攝的可視影像。節錄自氣象廳網頁。

可以和家人或朋友一起輕鬆討論飄浮在空中的雲看起來像什麼，然後很自然地告訴他們，那些雲屬於哪一個分類，如此便可加深大家對雲的喜愛。

不只是從地面仰望天空，也可以從太空來欣賞雲。讓我們來看一看某天的衛星可視影像（圖5・5）。你有發現嗎……飄浮在日本海上的容顏。到底在對我們訴說些什麼……，我雖然自稱為「雲研究者」，卻經常被誤認為「靈研究者」。人類在看到宛如眼睛凹陷般的兩個影子，以及位於其下方的影子所形成的倒三角形時，就會很本能地認為那是人類的臉孔，這種狀況稱為**擬像**。若站在「雲研究者」的立場來思考這張臉，雖然在可視影像上可以看到這張臉，但在紅外線影像上就看得不太清楚。紅外線影像的特徵是，因雲頂高度很高，溫度低的雲看起來是白色的。從這一點我們可以知道，這張臉是在日本海上形成的層雲或海霧，在出現臉的海域，大氣下層會因為濕潤而形成穩定的大氣狀態。

雲和天空會豐富我們的感性。聆聽雲的心聲、觀察雲的心情當然非常有趣，但是全然放空地單純享受眺望雲朵和天空的感覺，也非常美好。若看到形狀特別的雲，請一定要告訴身邊心愛的人。

拍下雲的模樣

看到美麗的天空時，應該會很想把它拍下來吧！。我也經常在社群媒體上發表紅棕色天空和彩雲的照片。很多人都問我那些照片是不是用特別的相機拍攝的，事實上，我用的是智慧型或消費型數位相機。因為彩雲多半出現在從太陽來看視角十度以下的地方，所以在天空上的尺寸是很小的（第三章第二節，128頁）。只要用消費型數位相機放大三十至四十倍來拍攝虹色部分，就可以拍出像本書開頭那樣漂亮的彩雲（影片5・2）。

智慧型手機也可以拍攝彩雲。不管是智慧型手機還是消費型數位相機，只要來自太陽的直達光進入相機鏡頭，一切景象都會變成白色，沒有辦法清楚看到虹色。因此如果想拍攝積雲或高積雲的彩雲，最佳拍攝時機是太陽被較厚雲層擋住、可以清楚看見虹色時（圖5・6）。此外，當中下層沒有隨著卷積雲一起出現的彩雲等可以擋住太陽的雲時，如果可以利用其他景物遮住直達光，就算用智慧型手機也可以拍出漂亮的虹色（圖5・7）。將智慧型手機設定在減弱光線的模式來拍攝太陽附近的雲，事後再看照片，就會發現已經拍到虹色。

此外，若在沒有任何防護的狀況下，接受到來自太陽的直射光，會對眼睛造成傷害，這是非常危險的。**想在太陽出現時進行雲的觀測，請戴上太陽眼鏡**。再者，不只是彩雲，若還想尋找太陽附近的大氣光象，戴上太陽眼鏡也會比較容易發現虹色。市售的太陽眼鏡雖然可以隔絕紫外線，卻幾乎無法隔離紅外線，因此**在尋找彩虹時，可以利用建築物或電線桿將太陽擋住來進行觀察**。尋找彩虹時，很容易因為太過專注而忽略周遭，**請大家務必先確認周圍環境的安全再來好好欣賞**。

（上）圖5・6　以智慧型手機拍攝的彩雲。2016年8月7日茨城縣筑波市。
（下）圖5・7　以智慧型手機拍攝的仙女羽衣般的彩雲。2016年1月3日茨城縣筑波市。

近來智慧型手機的

相機性能都非常好，可以拍攝各式各樣的景象。一般來說，如果直接以智慧型手機拍攝，可以拍下寬度勉強可以塞下二十二度暈的天空，但是若使用百元店也有販售的廣角鏡，便可以清楚拍下完整的二十二度暈。此外，智慧型手機的相機還有一個很便利的全景功能，用這種模式，變可以拍下完整的虹（圖3．19，129頁），也可以完整拍下迫近而來的陣風鋒面上完整的弧形雲（圖4．55，210頁）。縮時功能也非常吸引人，特別是夏天，光是將智慧型手機放在窗邊，就可以觀察到濃積雲發展成積雨雲的模樣，以及因為熱對流的緣故，出現後馬上就消失的積雲活動（影片5．3）。

最近，非常流行將照片上傳到社群媒體，很多人都想拍攝可以「曬Instagram」的照片。這個時候，請仔細觀察飄浮在空中的雲。就算是一般的雲或天空，如果將某一部分放大，經常會變成一幅很美麗的圖畫。

此外，也可以把天空和某些元素加以組合。比方說，將夕陽和煙囪搭配，創造出蠟燭（圖5．8）。若將日出前或日落後出現的紅棕色雲與變暗的天空，搭配街燈一起拍攝，便可創造出魔法世界般的景象（圖5．9）。我也建議大家前往有著絕美景色的地方，雲海就是一個很好的選擇，在日本國內有好幾個雲海景點（圖5．10）。請好好的感受雲和天空，把它們拍進美麗的景色中。

（上）圖 5・8　黃昏夕陽蠟燭。2017 年 3 月 10 日茨城縣筑波市。
（中）圖 5・9　魔法般的夕陽。2016 年 9 月 27 日茨城縣筑波市。
（下）圖 5・10　雲海。2016 年 11 月 12 日高 Bochi 高原（長野縣塩尻市），菅家優介先生提供。

就算距離很遠還是可以玩耍

現今是個便利的時代，我們可以透過某些服務，即時看到衛星觀測到的雲。而其中一項服務就是在情報通訊研究機構的「向日葵八號即時網站」〔5〕上，瀏覽日本氣象廳提供的向日葵八號可視影像，並追溯過去的雲。

向日葵八號是和地球自轉同樣週期，繞著地球周圍旋轉的**靜止氣象觀測衛星**，每隔十分鐘會觀測地球全貌一次，每隔二・五分鐘會觀測日本附近或颱風周圍一次。因為也可以透過智慧型手機來使用服務，若天空中有波狀雲等自己喜歡的雲時，便可以馬上確認其往水平方向的延伸，以及隨著時間所發生的變化。此外，也可以藉此輕鬆看到遠方的天空。在日本時間即將進入到隔天的深夜觀察地球全圖，就可以在地球邊緣看到美麗的紅棕色天空（圖5・11）。若一整天都從宇宙觀看地球，就可以看到反射太陽光的大海閃閃發亮的模樣（圖5・12）。在陰天或下雨天，沒有辦法欣賞雲的時候，可藉此療癒心靈。

另一項服務也很值得推薦，那就是NASA的「Worldview」〔6〕。在這裡，除了Terra、Aqua、SuomiNPP等**繞極衛星**（polar-orbiting satellite）的可視影像，還能瀏覽融合了這些衛星資料的各種文件。因為這些衛星會通過地球兩極，繞著地球四周旋轉，在遠比向日葵八號更低的高度飛行、觀測地球，具有很高的光學解析度，所以可以看清楚每一朵雲。它們一天會在同一地區的上空經過兩次，可以拍攝到全世界的雲。衛星的工作還包含偵測山林火災和熱源的位置（圖3・64，168頁）、積雪覆蓋率與氣膠數量等，非常有趣。

透過Worldview，就可以在全世界的雲裡遨遊。每天在世界上的某處會有伴隨著低氣壓出現的巨大雲朵，在智利海上總是有著海洋性層積雲，這些景象都非常有趣（圖4・30，193頁）。此外，位於非洲大陸西北沿岸附近的加那利群島是觀看卡門渦街的景點，雲可以很頻繁地將渦街可視化（圖5・13，258頁）。除此之外，還可以看到海上多層重疊的波狀雲（圖5・14，258

（上）圖 5・11　心靈的療癒。2017 年 8 月 25 日，向日葵八號衛星所拍攝的可視影像，國立研究開發法人情報通信研究機構（NICT）提供。

（下）圖 5・12　映照在海洋中的太陽，感覺非常神聖。2017 年 5 月 9 日，向日葵八號衛星所拍攝的可視影像，國立研究開發法人情報通信研究機構（NICT）提供。

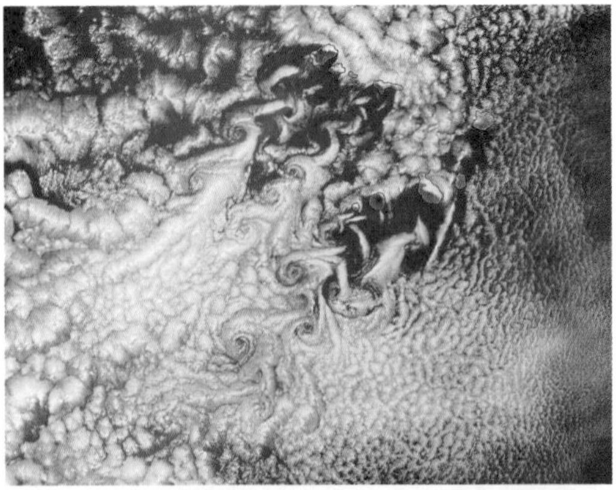

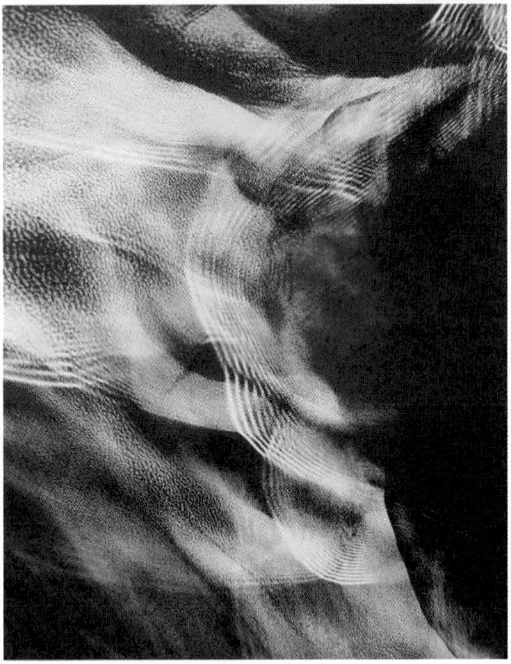

（上）圖5・13　加那利群島的卡門渦街。2016年5月18日，NASA EOSDIS worldview 的 Terra 衛星所拍攝之可視影像。

（下）圖5・14　因為雲而可視化的大氣重力波。2016年6月26日，NASA EOSDIS worldview 的 Terra 衛星所拍攝之可視影像。

頁）、流冰、沙塵暴（圖3・66，170頁），以及海上植物性浮游生物的大繁殖，非常有趣。透過Worldview也可以瀏覽過去的紀錄，能夠看到自己想知道的過去某一天的天空模樣。

從地上看到的雲非常美麗，但從太空看到的大氣和雲的流動也非常特別。若透過大氣中上層水氣含量較多、呈現出白色的**水蒸氣影像**，不光是颱風和低氣壓，還可以將冷渦可視化。當因為社會上的諸多不合理而感到疲倦，或是覺得生活非常痛苦時，不妨看看緩慢移動的衛星水蒸氣影像的影片（影片5・4）。然後想一想是要隨波逐流，還是和夥伴一起創造屬於自己的路。看著這些影像，應該可以讓自己提振精神。

5．2 透過簡單的雲科學來玩耍

雲物理遊戲

在我們的生活中，存在各種和雲科學有關的物理現象，但因為太貼近日常生活，很容易就被忽略，不過只要玩過一次，便會立刻愛上。在此，我就介紹一些簡單雲科學遊戲。

首先，讓我們透過雲物理來玩個遊戲。在冬天的寒冷日子裡，窗上會出現**結露**，仔細看會發現上面有許多小水滴（圖5．15，260頁）。當窗外氣溫很低時，窗戶玻璃的溫度也會跟著下降，和窗戶玻璃接觸的內側空氣因熱被奪走，所以氣溫會下降。這麼一來，窗戶玻璃附近的內側空氣會接近水飽和，水滴以窗戶玻璃表面作為核，吸收了水蒸氣之後，凝結成長。當水滴變大、沿著窗戶玻璃落下後，會和其他水滴碰撞、合併成長，變得更大。就像這樣，我們可以在結露的窗子上看到水雲內的雨滴形成過程。

此外，吃冰棒時也可以看到和雲物理有關的現象。將冰棒從袋子裡拿出來後，在吃掉前先仔細觀察一下。我們可以看到像煙一樣的東西朝向和水蒸氣相反的下方飄移。這是在冰表面附近，因為空氣受到冷卻、進行雲成核所形成的雲滴。因為受到冷卻的空氣比周圍來得重，所以會往下移動，而形成的雲滴則讓這個流動可視化。但因為和周圍的空氣混合，變成未飽和，所以雲滴會蒸發、消失。

讓我們再仔細觀察手上的冰，冰的表面會略帶白色（圖5・16）。仔細觀察這略帶白色的東西，便知道已經出現霜結晶。在把冰棒從袋子裡取出之前，便已經有大型霜結晶形成了。把冰棒從袋子取出後，在和濕潤空氣接觸的冰表面，小型霜結晶會開始昇華成長。在冰表面的溫度上升、開始融解之前，可以欣賞到這種霜結晶和冰雲的雲物理現象。不過，若太過沉迷於霜結晶的觀察，不小心冰棒會融解，進而弄髒衣服和地板，所以玩的時候要注意一下，一支冰棒可是能夠品嘗到多種美味呢。

除此之外，冬季寒冷日子裡從口中吐出的白霧，或熱咖啡的蒸汽，都可以欣賞到雲成核。在炎熱的夏天，流汗時滴下的汗會與其他汗水水滴碰撞、合併成長，如果此時吹到電風扇的風，就可以

（上）圖 5・15　結露遊戲。
（下）圖 5・16　在冰棒表面昇華、成長的霜結晶。

感受到汗的蒸發和潛熱吸收。類似的例子不勝枚舉子，生活周遭有著許多和雲物理有關的現象。

玩雪

下雪時，大家都玩些什麼遊戲呢？可以堆雪人或雪屋、打雪仗，有各式各樣的遊戲可以玩。除此之外，下雪時還有一種會讓腦內幸福物質（我稱為腦汁）大量分泌的遊戲，那就是**雪結晶觀察**。

一說到雪結晶，大家最熟悉的應該是樹枝狀結晶，事實上，仔細觀看飄下來的雪，我們可以觀察到即使用肉眼也能看到、呈現出各種不同形狀的雪結晶。日本海沿岸經常出現霰，它們降落時會打到雨傘、發出「啪、啪、啪」聲音，但仔細一看，會發現上面附著了許多雲滴。這個時候智慧型手機就派上用場了。利用智慧型手機的相機，把ＺＯＯＭ放到最大來拍攝，便可以拍到雪結晶。而且，若使用在百元店販售的智慧型手機專用**微距鏡頭**，還可以拍到更鮮明的雪結晶影像（圖５・17左上，263頁）。此外，我們也可以用智慧型手機來拍攝雪結晶融解的模樣（影片５・５）。融解中的雪結晶變成水滴的瞬間，會受到表面張力的影響而瞬間變成球形，十分美麗。

想使用微距鏡頭來進行雪結晶觀測有一些技巧。首先，在關東地區等地，因下雪時地面溫度為〇℃左右，所以雪降下之後馬上就會融解。這個時候，我們可以把一塊黑色或藍色的深色布料拿到屋外先進行冷卻，當雪結晶掉落在布料上時，馬上拍下來。因為是深色布料，所以可以清楚看見雪結晶的輪廓，拍到美麗的照片。不管哪一種布料都可以，即使是傘面等撥水性布料也沒問題。此外，百元店所販售的微距鏡頭倍率大約是十，把它裝在智慧型手機上，即使距離被攝物只有短短幾公分也可以對焦，不過一旦手部稍有晃動就無法對焦，所以關鍵就是要拚命連拍。也可以在拍好影片之後，再從中擷取靜止畫面。

大家可以試著對照自己拍下的雪結晶屬於哪一種分類（圖1．15，37頁）。此外，從雪結晶的晶癖和小林圖表（圖1．17，38頁），也可以知道那個雪結晶發展成的雲大約是什麼溫度，水氣量是多還是少。另外，藉由確認雲滴的附著程度，也可以想像造成下雪的雲內有多少過冷雲滴。就這樣，不管是誰看到從天上稍來的信件，都可以想像其中的內容。

氣象研究所進行的「**#關東雪結晶計畫**」，向居住在關東甲信地區的人募集雪結晶影像，希望大家可以註明攝影時刻和大概的拍攝地點，上傳到「推特」等社群媒體，並且標註上「#關東雪結晶」這個主題標籤。細節請參閱氣象研究所的網頁〔3〕。各位所進行的雪結晶觀測，可以幫助大家了解首都地區降雪的實際狀態，並提高預測的精準度。由衷希望大家可以依照上述步驟，加入雪結晶觀測活動。

不過在關東甲信地區，下雪的機會並不是太多，因此我們可以觀察大小和雪結晶差不多，且同樣很有趣的**霜結晶**。冬季時，幾乎每天早晨地面上都會有許多霜結晶（圖5．17右上），它們的形狀各有不同，有鱗狀、針狀、羽毛狀和扇狀等等。以微距鏡頭拍攝霜結晶時，可以發現有些霜結晶擁有骸晶構造。此外，在尖形葉片尾端附近，會因為植物的生命活動而形成水滴，有時也會出現冰凍的**凍結水滴**（圖5．17左下）。

圖 5・17　冰的結晶。左上：雪結晶、右上：霜結晶、左下：凍結水滴與霜結晶、右下：融解的凍結水滴。皆攝於茨城縣筑波市。

凍結水滴的表面有時會出現類似二十面體冰晶的花紋，非常漂亮。可以看見這種霜結晶或凍結水滴的時間大約是日出左右的時段，朝陽開始照射後，它們馬上就會融解。在融解過程中，凍結水滴內部會形成氣泡，受到分光的朝陽會發出具有美麗虹色的耀眼光輝（圖 5・17右下）。這個時候，霜結晶也會一起發出光亮，同時開始融解。我將結晶們一邊發亮一邊消失的這段短暫時間稱為灰姑娘時間。

我會把拍攝到的霜結晶標註上「**#霜活**」這個主題標籤，上傳到推特，和大家一起分享、欣賞。霜雖然只在冬季出現，但是在冰棒表面所形成的霜結晶隨時都可以看到。此外，就算冬季結束，朝露的水滴還是會出現在早晨的地面，非常熱鬧。只要使用微距鏡頭，就這些把朝露拍得很漂亮，我會將拍下來的照片標上「**露活**」這個主題標籤，和大家一起分享。只要以這些主題標籤來搜尋，就會出現許多美麗的結晶或水滴影像，可以好好欣賞。建議大家在享受微型世界的同時，一邊學習使用加上微距鏡頭的智慧型手機拍攝技巧，為冬季的雪結晶觀測做準備。

彩虹遊戲

除了雨過天晴時掛在天邊的彩虹，在我們的生活中還有許多虹色。自行車停車場等地方經常可以看到的虹色便是其一（圖5．18）。那是太陽光照射在自行車上的反射板，分光後所呈現的景象。此外，將寶特瓶放在太陽光照射的地方，寶特瓶本身會變成三稜鏡，也會創造出虹色（圖5．19）。把水裝入寶特瓶內，創造出虹色後，光會像小型極光一般搖晃，非常美麗。不過，如果有紙張等易燃物，

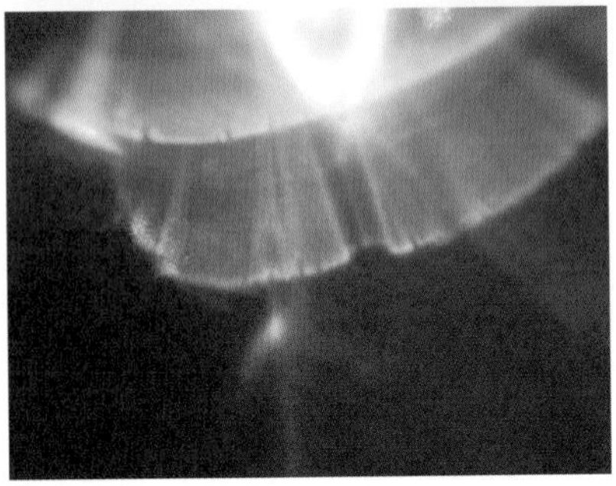

（上）圖5．18　腳踏車停車場的虹色。
（下）圖5．19　寶特瓶的虹色。

可能會引發火災，所以用寶特瓶玩彩虹遊戲後別忘了收拾。

噴水池也是觀看彩虹的景點（圖5・20）。噴水池彩虹的形成原理和雨過天晴的天空所形成的彩虹一樣，但是噴水池隨時間所產生的變化不會像雨那麼激烈，所以很容易觀測彩虹。若在公園裡看到噴水池，請試著背對太陽，尋找可以看到噴水池的位置。依據噴水池的大小和觀看位置，有的時候，不只是主虹，副虹也會很清楚的顯現出來。

如果想看彩虹看個過癮，自己動手打造彩虹是最方便的方法。只要用能夠噴出霧狀水的水管背對太陽灑水，很容易就可以創造彩虹。從稍微高一點的足球場灑水，可以做出平常看不到的三六〇度虹或副虹，可以好好欣賞一番（圖5・21）。若這時想拍照，建議可以裝上市售的智慧型手機用魚眼鏡頭。

（上）圖5・20　出現在噴水池的虹。2017年4月23日茨城縣日立中市。

（下）圖5・21　以水管的水打造的主虹和副虹。綾塚祐二先生提供。

利用上述方法，我們可以欣賞各式各樣的彩虹，但雨過天晴後掛在天空中的彩虹永遠是最美的，請使用雷達，不要錯過欣賞彩虹的機會。

流體遊戲

雲可以讓我們看到大氣流動，但事實上，除了雲以外，我們也可以藉由其他東西看到大氣流動，現在就讓我們利用身邊的流體來玩一些遊戲吧。

首先，是下雨天的流體遊戲。可能有很多人都不喜歡雨天，但下雨時，可以試著觀察落在水漥上的雨滴（圖5．22）。當眾多雨滴不斷落在水窪表面，便會形成波紋。這個波紋和大氣重力波一樣，是因為重力的驅動而造成的波動。不管是用智慧型手機或消費型數位相機，只要連續拍攝水面，就可以拍到雨滴落在水面上後，水滴濺起的模樣。大量水滴落下時，水面上的波紋會一再重疊，它們在水漥中彼此干涉的樣子，可以讓我們再次感受到流體的趣味。

最具代表性的流體遊戲就是出現在味噌湯中的熱對流。倒入碗中的溫熱味噌湯上層，因為與大氣接觸而冷卻，所以會形成垂直方向的溫度梯度，產生近似胞狀對流的上升氣流和下降氣流（圖5．23，影片5．6）。這個時候，透過味噌湯我們就可以看到這道氣流，我們可以在碗裡的世界欣賞充滿活力的氣流。欣賞過熱對流之後，就可以趁熱把味噌湯喝掉。

利用自來水和澡盆也可以玩流體遊戲。將水開到一定的強度，將手指放進流動的水中，便可以感受到在雲內因受到降水粒子往下拉扯的力道而加速的下降氣流。進入裝滿水的浴缸時，隨著手腳的移動而產生的重力波，會在浴缸中形成干涉，這個時候看著穩定波動的形成，感覺非常有趣。不過，要小心不要因為玩過久而頭暈。

所有漩渦迷都玩過的就是咖啡杯的漩渦（圖5・24，影片5・7）。首先，把熱咖啡倒入杯中，用湯匙將尚未加入任何東西的黑咖啡攪出漩渦，不管是順時針或逆時針方向都可以，讓湯匙在杯中旋轉，製造出水流。然後再將牛奶慢慢倒入，這時牛奶便會讓我們看到咖啡杯內的流動。把牛奶倒入咖啡杯的杯壁時，杯子中央和杯壁的水流速差會造成水平風切不穩定，形成渦列。因為杯子內的漩渦很複雜，可以欣賞到各式各樣的漩渦。另外，我也推薦大家將牛奶倒入冰咖啡中，這時可以從咖啡和牛奶的密度差，看見如下爆流般的流動。

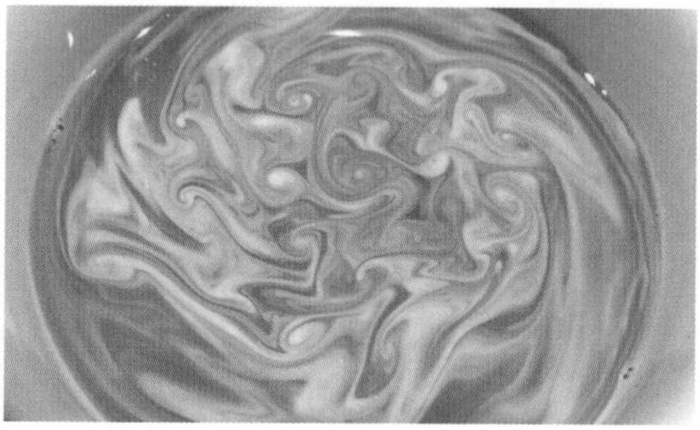

（上）圖5・22　雨天的水面波紋。
（中）圖5・23　味噌湯的對流。
（下）圖5・24　咖啡杯的漩渦。

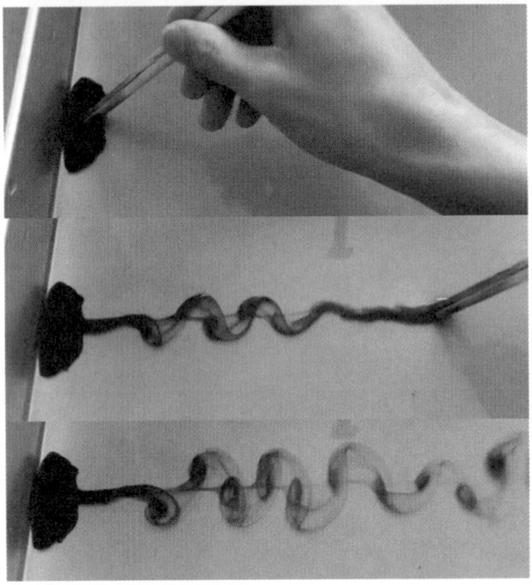

（上）圖 5・25　因為櫻花而可視化的漩渦。因為移動速度太快，要進入漩渦中非常困難。2016 年 4 月15日茨城縣筑波市。
（下）圖 5・26　卡門渦街。佐佐木恭子小姐提供。

除此之外，在有著強勁冬風的日子，落葉也可以讓我們看到地面附近的漩渦，漩渦迷應該會很想進入這個漩渦中。春天櫻花飄落時，漩渦也會因為這些花瓣而可視化（圖5・25，影片5・8）。在建築物背後形成的漩渦通常都有某種程度的穩定度，比較容易進入漩渦中。不過，在寬闊地方形成的漩渦移動速度都很快，進入漩渦的難度偏高。像這種漩渦遊戲，除了漩渦本身，也可以欣賞到飄落的櫻花，非常推薦。

受過訓練的漩渦迷可以透過簡單的實驗，試著打造出卡門渦街（圖5・26，影片5・9）。在淺盤內放入約一公分深的水，慢慢倒入墨汁，然後，將免洗筷放入墨汁中筆直滑動，就會形成美麗的卡門渦街。可以實際和漩渦接觸，總是會讓人感到非常興奮。除了上述之外，還有許多欣賞漩渦的方式，請大家務必嘗試看看。

5・3 和雲愉快相處

建議大家「感天望氣」

看著雲或天空來預測天氣的觀天望氣，是在沒有天氣預報技術的久遠之前，透過經驗慢慢累積下的方法。這方法最早是漁夫開始使用的，因為在過去，天氣會決定自己的性命，所以非常重要。廣義的觀天望氣中，包含了動植物的行動和天氣預測，透過雲和天空的觀天望氣，其實也有很多科學根據。

一個典型的例子就是二十二度暈，曾經有「當太陽或月亮出現光圈（暈）時就會下雨」這種觀天望氣的說法（圖2・19〜22，73頁）。正確來說，暈出現後，雲的厚度慢慢增加，下雨的可能性才會提高。也就是說，暈是伴隨著卷層雲出現的現象，當溫帶氣旋從西方接近、卷層雲覆蓋天空後，很快地就會變化成高層雲或造成降雨的雨層雲（圖4・80，232頁）。不過，卷層雲也會出現在溫帶氣旋以外的地方，所以不見得有暈出現，天氣就會變差。相反的，若想看見暈，只要看預測天氣圖，確認低氣壓是否會來就可以了。

此外，富士山的笠雲很容易在有日本海低氣壓時出現，只要看看富士山上的斗笠，就可以推測出氣象（第四章第一節，174頁）。這種觀天望氣的方法在地方鄉鎮上似乎也廣為流傳，以靜岡縣為故事舞台的動畫「小丸子」就有這麼一個情節：透過富士山笠雲來觀天望氣是學校作業，也是學習內容。不僅如此，很多地區性的特有現象都可以用來觀天望氣。因為笠雲或莢狀雲的存在，意味著上空的風勢強勁，對登山者來說是不可忽視的雲。

最重要的是，透過積雨雲的觀天望氣（第四章第三節，198頁）。幞狀雲、密卷雲、灘雲、乳房狀雲、弧形雲、超大胞特有的雲或漏斗雲，都告訴我們即將發生局部性大雨、落雷、龍捲風、陣風、降雹等明顯的危險。透過積雨雲來觀天望氣之所以這麼重要，就是因為即使以現在的技術，還是無法正確預測積雨雲。雖然不穩定的大氣狀態就某種程度來說是在可以預測的範圍內，但我們無法在事前精準預測積雨雲的出現位置，**透過積雨雲的觀天望氣是可以維護我們生命安全的重要技術。**

另一方面，如果我們對積雨雲等雲懷抱著愛，就會想跟它們保持適當距離來相處。為此，我們就必須和雲溝通，想和雲相會，增加相處時間也很重要。如此一來，就可以**聆聽雲的心聲**，能夠感受到雲的心意，進而能夠了解天氣的變化。我稱這個過程為「**感天望氣**」，這是以對雲的愛為基礎，來感受雲的心情，比單單只是觀察雲的觀天望氣還要更進一步。如果可以透過「感天望氣」和雲和睦相處，我們就能擁有充實的賞雲生活。

預測雲動向的工具

廣義來說，「感天望氣」也包括和雲碰面或等待雲的出現。要做到感天望氣，除了雲的出現與否，還要即時知道已經出現的雲現在在哪裡，未來又會如何活動。在此我們以積雨雲為例，介紹一些方便使用的預測工具。

首先，若想知道積雨雲的位置和活動，用**雷達**會非常方便。我個人主要是利用日本氣象廳的**高解析度降水即時預報**〔7〕（圖5・27，272頁）。它會透過「Yahoo! 防災速報」等發布訊息。因為所有的雷達訊息都差異不大，只要選擇自己方便使用的即可。藉此，除了可以看到現在哪裡有多強的雨勢（**降水強度**）、雷的觀測情報、龍捲風發生機率，還可以閱覽未來一小時內的雨雲活動即時預報。因為可回溯到三小時前，因此可以確認積雨雲的形成狀況和活動。透過雷達，可以觀測伴隨著超大胞的中氣旋，當有龍捲風目擊情報時，便會發布「**龍捲風警報**」，透過雷達的龍捲風預測準確性，可以對可能發生的危險做全面的了解。我所拍攝的乳房狀雲或弧形雲等與積雨雲有關的雲（第四章第三節，198頁），以及虹的照片，都是利用雷達上的情報來才成功拍到。

只不過，我們不會一直盯著天空或雷達，因此可以利用各種天氣情報。因為積雨雲會在大氣狀態不穩定時出現，從現象發生的前一天，電視的氣象預報會出現「**大氣狀態不穩定**」這個關鍵句，這個時候再去觀看雷達會比較有效率。此外，這時天氣預報會用「**在部分地區會伴隨打雷現象**」這樣的句子來說明（圖5·28）。因為雷活動會隨著積雨雲而發生，這個時候我們就

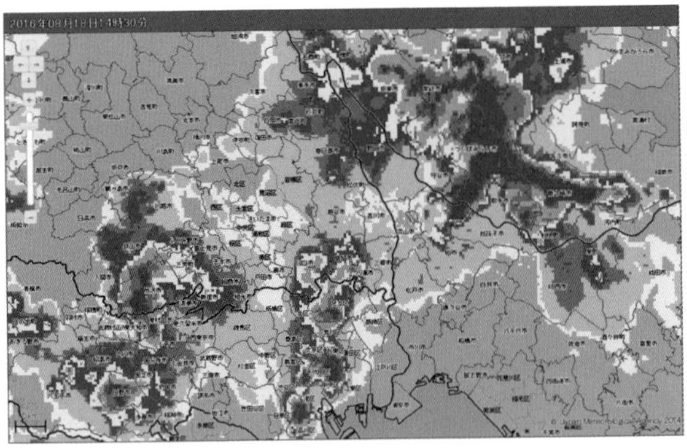

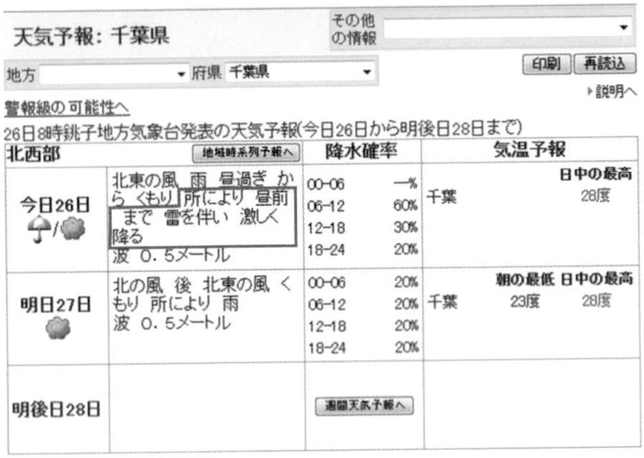

天気予報：千葉県

その他の情報

地方 府県 千葉県

印刷 再読込

説明へ

警報級の可能性へ

26日8時銚子地方気象台発表の天気予報(今日26日から明後日28日まで)

北西部 地域時系列予報へ		降水確率	気温予報
今日26日	北東の風 雨 昼過ぎ から くもり 所により 昼前 まで 雷を伴い 激しく 降る 波 0.5メートル	00-06 —% 06-12 60% 12-18 30% 18-24 20%	千葉 日中の最高 28度
明日27日	北の風 後 北東の風 くもり 所により 雨 波 0.5メートル	00-06 20% 06-12 20% 12-18 20% 18-24 20%	千葉 朝の最低 23度 日中の最高 28度
明後日28日		週間天気予報へ	

（上）圖5·27　高解析度降水即時預報。節錄自氣象廳網站。
（下）圖5·28　天氣預報。節錄自氣象廳網站。

會知道積雨雲出現的可能性很高。此外，**降水機率**指的是下雨的機率，並非數值愈大雨勢就愈大。就算降雨機率只有三〇%，還是可能出現積雨雲造成的局部性大雨，請大家作為參考就好。

另外，一般都會在現象發生的半天到數小時前發出預報。電視常常只會提到注意事項的發表狀況，但氣象廳網頁上的氣象警報．注意事項〔8〕，其實清楚寫了每個鄉鎮從什麼時候到什麼時候必須注意什麼（圖5．29）。若要思考積雨雲發生的可能性時，確認打雷特報就非常重要。此外，在這個網頁的「備註．相關現象」中，除了打雷特報之外，有時還會標註「陣風」、「龍捲風」、「冰雹」。這個時候，就可以知道垂直風切很大，可能會出現多胞和超大胞。

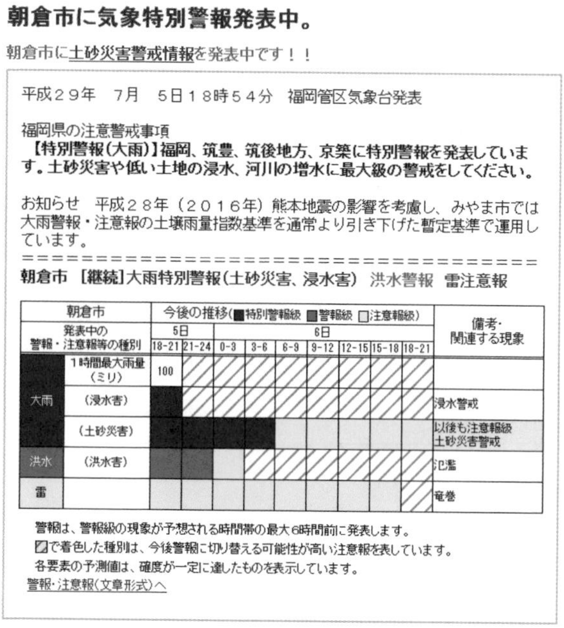
朝倉市に気象特別警報発表中。
朝倉市に土砂災害警戒情報を発表中です！！
平成２９年　7月　5日１８時５４分　福岡管区気象台発表
福岡県の注意警戒事項
【特別警報(大雨)】福岡、筑豊、筑後地方、京築に特別警報を発表しています。土砂災害や低い土地の浸水、河川の増水に最大級の警戒をしてください。
お知らせ　平成２８年（２０１６年）熊本地震の影響を考慮し、みやま市では大雨警報・注意報の土壌雨量指数基準を通常より引き下げた暫定基準で運用しています。
朝倉市　[継続]大雨特別警報(土砂災害、浸水害)　洪水警報　雷注意報
朝倉市
今後の推移(特別警報級 警報級 注意報級)
発表中の警報・注意報等の種別
5日
6日
18-21 21-24 0-3 3-6 6-9 9-12 12-15 15-18 18-21
備考・関連する現象
大雨
1時間最大雨量（ミリ）
100
（浸水害）
浸水警戒
（土砂災害）
以後も注意報級土砂災害警戒
洪水
（洪水害）
氾濫
雷
竜巻
警報は、警報級の現象が予想される時間帯の最大6時間前に発表します。
で着色した種別は、今後警報に切り替える可能性が高い注意報を表しています。
各要素の予測値は、確度が一定に達したものを表示しています。
警報・注意報(文章形式)へ
圖5・29　氣象警・注意報。節錄自氣象廳網站。

積雨雲出現之前，透過短時間內降水預報〔9〕，可以知道未來六小時的全面性雨量預測情報（圖5．30，274頁）。關於晴朗夏日午後的積雨雲，出現前的預測情報非常有效。若積雨雲組織化後

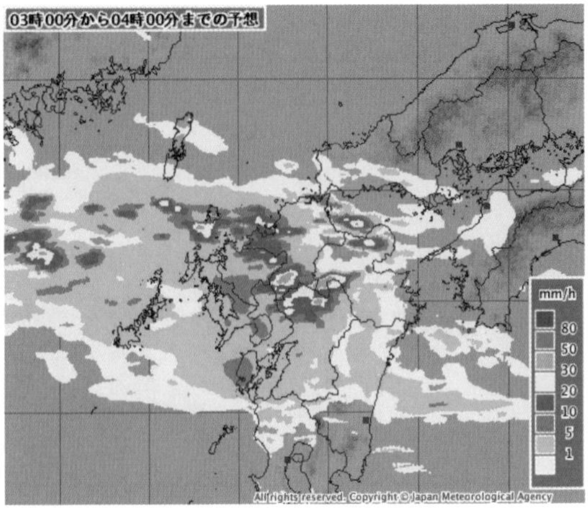

圖 5・30　短時間內降水預報。節錄自氣象廳網站。

形成線狀降水帶，就知道雨量會變大。雷達蒐集到的高解析度降水即時預報等的雨量情報，代表的是瞬間降水強度，而這裡指的雨量是到前一小時為止的累積降水量。因此，移動速度很快的超大胞雖然可以帶來很大的降水強度，但雨量的數值是很小的，要特別注意。

事實上，積雨雲發達、可能發生重大災害時，就會發出**氣象警報**。若出現該地數年只會發生一次的短時間大雨，稱為**紀錄性短時間大雨情報**，很可能發生土石流時會發出**土石流災害預報及警報**，針對河川氾濫會發出指定**河川洪水預報**的氾濫危險情報・氾濫發生情報等，呼籲民眾保持警戒。想知道哪個地區很可能發生淹水或土石流災害、河川氾濫時，可以瀏覽高解析度降水即時預報這個頁面的**危險度分布**（圖 5・31）。這些警報發布時，並不是看雲的時機，而是要遵從地方政府的避難情報，保護自身安全。

氣象警報中的「**特別警報**」只會在重大災害發生機率明顯提高，或是已經發生重大災害的異常狀況時才會發布。一旦發出特別警報，就必須立即採取維護自身安全的活動。不過，**並非沒有發出特別警報就可以放心，因為一旦發出警報就很可能會發生重大災情**。

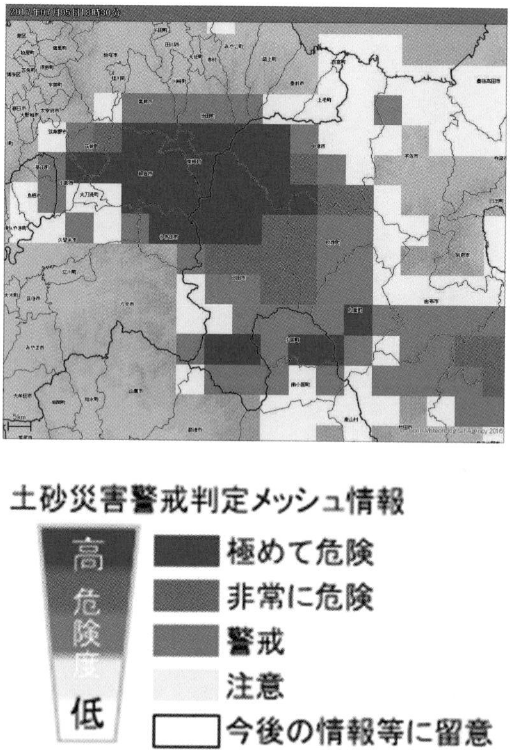

圖5・31　土石流災害之危險度分布（土石流災害警戒判定網格圖形資料）。節錄自氣象廳網站。

如果我們可以在平常就善加利用上述介紹的雲動向預測工具，不僅可以看到積雨雲，還可以透過「感天望氣」，在和積雨雲相處時保持最佳距離。此外，當因為積雨雲導致災害危險性提高時，就可以把這些預測工具當作保護自己性命的重要情報來加以活用。

如果事前便知道會發生，就不是游擊式暴雨

游擊式暴雨這個字眼出現於觀測網絡還不是很發達的一九七〇年代，它被用來指稱很難即時觀測的大雨。而在雷達觀測與地面觀測網非常發達的現今，它的意義便轉換成難以預測的大雨。但是，現在大家口中的游擊式暴雨，指的多半是無法預測的豪雨，或是不會造成災害的驟雨。

在氣象相關人員中，似乎有很多人都不喜歡游擊式暴雨這個字眼。我以前在地區氣象台進行現

場天氣預報時，總是為局部性大雨的預測十分困惱。在大氣狀態不穩定的日子，我拚命分析隨時多變的狀況，在局部性大雨發生前，雖然發出精確的大雨警報，但在當天傍晚的電視節目中卻往往以游擊式暴雨被報導，讓我感到非常憤怒。我心想，之所以有那麼多人不喜歡游擊式暴雨這個字眼，應該是因為明明可以預測卻被冠以游擊式暴雨的名稱，實在非常奇怪。

但是就算事前發出情報，提醒民眾注意局部性大雨，對沒有接受到情報的民眾來說，突然降下的意外大雨就是游擊式暴雨。而且，就算已經預測到，根據情報的種類，陳述方式也會有所不同。即使以氣象資訊或大雷特報在事前請大家注意局部性大雨的可能性，就現況來說，頂多也只是針對縣這個範圍的情報，無法同時針對時間、場所進行精準預測。以現今的技術，精準的正確預測還是非常困難。

我根據過去投身預報現場的經驗，以及現在的雲研究者身分，拚命呼籲氣象相關人士「不要使用游擊性暴雨這個字眼」，並非出自以自我為中心的考量。不管什麼都要冠上一個「游擊性」這種流行性稱謂真的不是太好，而且事實上，應該以很難精準預測的游擊式暴雨來稱呼的大雨非常多。那麼，該如何消除游擊式暴雨這個字眼呢？我想除了提升預測技術的研究和現場預報技術的鑽研，還要多多努力，讓原本就對氣象沒什麼興趣的大眾多加利用氣象情報。

若能以呼籲大眾注意局部性大雨的氣象情報為基礎，並善加利用即時的雷達情報，即使是被一般大眾稱為游擊式暴雨的雨，對大家來說也只是一般的驟雨（圖5・32），因為**如果可以知道它即**

圖 5・32　以雷達拍攝到的局部地區大雨。2015 年 6 月 23 日茨城縣筑波市。

將出現，就不是游擊式暴雨了。但是，如果原本就對氣象沒什麼興趣，便無法讓他們善用氣象情報和雷達情報，不管是游擊式暴雨，還是其他氣象災害都不會消失。要改變這種現況的方法之一，就是要學習愛上雲的技術。

5・4 散布對雲的愛

有的時候，熟識的朋友或家人會一邊說著「好漂亮」或「糟糕」，一邊帶著笑容拍攝天空的照片，真想知道他們在拍些什麼。這個時候，我通常會帶著笑容，開始訴說飄浮在空中的雲有多麼可愛，他們應該會想知道那是什麼雲吧。

這種愉悅的心情是會傳染的。如果不斷將這種心情告訴身邊親近的人，那個人又將這種心情告訴身邊親近的人，那種愉悅的心情就可以傳遞給很多人，持續擴散蔓延。如果對雲的愛可以不斷擴散，就有機會可以孕育出讓大家更能深入享受觀雲之樂的「**愛上雲的技術**」。若能學會愛上雲的技

（上）圖 5・33　積雨雲中出現灘雲，提醒人們小心危險。2014 年 6 月 13 日茨城縣筑波市。
（下）圖 5・34　我也喜歡這種自然的藍天。2016 年 8 月 14 日茨城縣筑波市。

術，不僅可以看到美麗的雲和天空，也可以透過「感天望氣」，和所有的雲及天空（包括會導致天氣突然轉變的雲在內）保持適當的距離來相處，維護自己的安全（圖 5・33、圖 5・34）。也就是說，**將對雲的愛傳達給身邊重要的人，可以守護對方的生命安全**。

大家要熱情地說出對雲的愛。愛有各種不同的形式，不斷讚美雲美麗身影的愛、稍微保持一點距離來拍攝照片或影片的愛、進入雲中深呼吸，將雲粒吸進身體裡的愛、以雷達掃描雲的內部後，透過數值分析，將雲重現出來的愛……。有多少雲友，就有多少種形式的愛。

請大家盡情訴說對雲的喜愛，和好朋友一起加深對雲的喜愛，並對重要的人傳遞對雲的喜愛。

除了面對面，我也建議大家透過推特、臉書、instagram等網路社群媒體來傳遞對雲的愛。全世界每個角落都有你的雲友，至少正在閱讀本書的各位就已經成為我的雲友了。除了和雲友一起散布對雲的喜愛，欣賞美麗的雲和天空，當危險逼近時，也要呼籲大家加以準備。我衷心希望，大家都成為愛上雲的技術的傳教士，和重要的人與值得信賴的雲友，一起度過充實的賞雲生活。

一起傳達對雲的愛吧！
LOVE

結語

每一年，只要日本某地發生氣象災害，電視等大眾媒體就會大肆報導。而當媒體訪問災民時，我們一定會聽到「沒想到會發生這樣的事」這句話。

二〇一五年九月，因為關東地區與日本東北部的豪雨，不僅茨城縣常總市發生鬼怒川氾濫，造成大規模水患，在關東與東北各地也發生土石流災害。事實上，二〇一四年九月在常總市的鬼怒中學、二〇一五年一月在常總市教育委員會，我曾分別對學生與教職員進行氣象防災相關演講。我在演講中提到：「集中豪雨在任何地方都可能發生，請善用災害地圖（hazard map），從平常開始就要做好準備。」然而在災害發生後，我再度詢問演講聽眾，發現他們果然還是說：「沒想到會發生這樣的事。」

有句話說：「天災總是在你忘記它時來臨。」物理學家兼散文作家寺田寅彥老師也在其散文作品《天災與國防》中有類似陳述。這篇散文於一九三四年發表，距今已經有八十年了。我在立志研究氣象學、目擊氣象災害現場之前，並沒有針對災害的威脅進行太深入的思考。就算看到電視報導的受災現場，我當時只覺得那是當事人的事，和自己無關，但是真的等到自己面臨災害時，一切就太遲了。

雖然我常透過行政機關和非營利組織，在各地進行氣象與防災相關的演講，但是我也從這些演講的經驗了解到，如果聽眾是被動來參加的話，他們多半不會學到任何東西。讓我印象特別深刻的是，雖然講的是同樣內容，小學生的反應相當熱烈，而因為工作而不得不參加的大人則反應非常冷淡。這件事讓我清楚理解到，對原本就不感興趣的人訴說防災的重要性，他們可能一時之間會意識到問題的嚴重性，但馬上就會忘了。

我是一個雲研究者，平常都在研究可能帶來豪雨、大雪、龍捲風等災害的雲的形成過程。我們的目標是透過了解雲的實際狀態，進行提升觀測技術開發和預測精準度的相關研究，同時也進一步優化防災氣象情報，但是不管我們將防災情報做得多好，如果大家不加以利用，就不可能達到預防、減少災害的目的。每一個國民都必須把氣象災害當作自己的事，認真面對。

當然，如果一直惦記著「必須預防災害」，難免會讓人感到疲倦。根據人性，一旦覺得疲倦，就無法持久。換個角度說，如果可以學會自己喜歡的事，就會因為開心而持續；當懂得愈來愈多之後，就會開始想推薦給自己心愛的人，這也是人性。

《愛上雲的技術》這本書的目標是「主動且快樂的預防災害」，換句話說，就是透過平常的觀察、親近、欣賞雲朵，以氣象情報和顯著現象來進行觀天望氣，在不知不覺中學會氣象防災技巧，算是一種**主動而快樂的預防災害**，我想這應該也可稱為「**感天望氣**」。透過加深對雲的喜愛，並加以傳播，可以守護自己以及身邊重要的人，甚至是其他不認識的人的生命。對雲的喜愛，可以帶大家前往沒有災害的未來。為了實現這個願望，我也要繼續努力。我相信，在大家享有同一個天空的世界，我們會走向一樣的地方。

撰寫本書之際，曾舉辦「搶先讀」活動，針對本書內容蒐集各方意見。我們從參加活動的六百八十五位雲友得到許多寶貴意見，獲益良多。在書末的感謝名單中，刊載了提供協助人士的大名。此外，我還要特別感謝擔任本書編輯的廣瀨雄規先生，謝謝他這麼有耐心的陪伴我這個下筆很慢的作者，在此請容我致上最高的謝意。非常感謝。

解說影片

影片網址一覽

透過以下網址可觀賞各章概要的現象解說影片，以及讓您可以更容易了解，請多加利用。

●影片清單：http://goo.gl/bHdrWA

●解說影片

前言：http://goo.gl/7ttpZ2

第一章：http://goo.gl/MqTMds

第二章：http://goo.gl/KyRtWM

第三章：http://goo.gl/vz3Wxb

第四章：http://goo.gl/Dh9ZcM

第五章：http://goo.gl/QhQjzg

給讀完此書的朋友：http://goo.gl/GMUhyk

●影片資料

影片1・1味噌湯中的雲成核：https://youtu.be/6_luRJOSafU

影片1・2寒冷渦：https://youtu.be/iRkGnX68Vm8

影片3・1彩雲：https://youtu.be/UHh6EOZkbJs

影片4・1波狀雲：https://youtu.be/Jg3dDe7HZ8o

影片4・2地形性卷雲：https://youtu.be/GlY1_BrFwqs

影片4．3　卡門渦列：https://youtu.be/A3O268FcaYA
影片4．4　朝霞凝結尾：https://youtu.be/bXgO1FmYosw
影片4．5　發達的積雨雲：https://youtu.be/0sTDkSmqwzo
影片4．6　弧形雲：https://youtu.be/a4u9-2d1_g0
影片4．7　等待陣風：https://youtu.be/3pnJO_W-EgU
影片4．8　超大胞特有的雲：https://youtu.be/-B1f-PCPdcA
影片4．9　局部性大雨的模樣：https://youtu.be/2dasWkCU_CA
影片4．10　二〇一七年九州北部豪雨：https://youtu.be/uPMExVxT8_o
影片4．11　地形性降水：https://youtu.be/iA-brjxR_EY
影片4．12　降雹：https://youtu.be/XFh9nxdRZOw
影片4．13　龍捲風與漏斗雲：https://youtu.be/757PTsy22Bo
影片4．14　颱風的一生：https://youtu.be/5FmgoGsroNg
影片4．15　窺探颱風眼裡頭：https://youtu.be/UHGOzpVR7R8
影片4．16　冬季日本海的雲系：https://youtu.be/3zPqqTh7dUY
影片5．1　進入霧中：https://youtu.be/RN2PhBmsjyQ
影片5．2　試著將彩雲放大：https://youtu.be/e-KJy5gawOk
影片5．3　晴天積雲的縮時影片：https://youtu.be/vzwsNQvFHmE
影片5．4　欣賞大氣雨雲的流動：https://youtu.be/ZMEduTqOTX8
影片5．5　雪結晶的融解：https://youtu.be/XuA3CFgkAuI
影片5．6　味噌湯的熱對流：https://youtu.be/WQfVQ_KQTEU
影片5．7　咖啡杯的漩渦：https://youtu.be/WLDuttd6pLg

影片5・8透過櫻花而可視化的漩渦：https://youtu.be/vtmNL-HTowU

影片5・9卡門渦列：https://youtu.be/ITRO2cKoH0M

參考文獻

荒木健太郎，2014：雲裡發生了什麼事。beret出版，pp343.

荒木健太郎，2017：局部性大雨與集中豪雨。豪雨的形成機制與水患對策——從降水觀測・預測到浸水對策、打造可以預防自然災害的城市——NTS出版，17-27.

小倉義光，2016：一般氣象學 第二版修訂版。東京大學出版會，pp320.

三隅良平，2014：將氣象災害化為科學。beret出版，pp271.

西條敏美，2015：教授 虹的科學：從光的原理到人工虹的製造方法。TaroJiro-Sha Editus，pp157.

柴田清考，1999：光的氣象學。朝倉書店，pp182.

大野久雄，2001：雷雨與中規模氣象。東京堂出版，pp309.

齊藤和雄，鈴木修，2016：中規模氣象的監視與預測——如何減少集中豪雨與龍捲風災害。朝倉書店，pp160.

上野充，山口宗彥，2012：圖解・颱風的科學。講談社，pp240.

筆保弘德，伊藤耕介，山口宗彥：颱風的正面目。朝倉書店，pp184.

Pruppacher and Klett, 1996: Microphysics of clouds and precipitation. Springer, 2nd ED., pp954.

Cotton, Bryan, and van den Heever, 2010: Storm and cloud dynamics. Academic Press, 2nd ED., pp820.

Markowski and Richardson, 2010: Mesoscale meteorology in midlatitudes. Wiley, pp430.

Tape 1994: Atmospheric halos. American Geophysical Union, Antarctic Research Series, pp144.

Tape and Moilanen, 2006: Atmospheric halos and the search for angle x. American Geophysical Union, Special Publications, pp238.

荒木健太郎等人，2017：使用地上微波輻射計針對夏季中部山地的對流雲形成環境場進行解析。天氣，64，19-36.

荒木健太郎，2016：南岸氣旋。天氣，63, 707-709.

Araki et al., 2015: Ground-based microwave radiometer variational analysis during no-rain and rain conditions. Scientific Online Letters in the Atmosphere, 11, 108-112.

Araki et al., 2014: Temporal variation of close-proximity soundings within a tornadic supercell environment. Scientific Online Letters on the Atmosphere, 10, 57-61.

荒木健太郎等人，2015：2015年8月12日於筑波市觀測到的伴隨著中氣旋的牆雲。天氣，62，953-957

Araki et al., 2015: The impact of 3-dimensional data assimilation using dense surface observations on a local heavy rainfall event. CAS/JSC WGEN Research Activities in Atmospheric and Oceanic Modelling, 45, 1.07-1.08.

Araki and Murakami, 2015: Numerical simulation of heavy snowfall and the potential role of ice nuclei in cloud formation and precipitation development. CAS/JSC WGNE Research Activities in Atmospheric and Oceanic Modelling, 45, 4.03-4.04.

足立透，2012：太空研究政府機構的超高層放電研究之新進展。早稻田大學高等研究所紀要，5, 5-26

Kikuchi et al., 2013: A global classification of snow crystals, ice crystals, and solid precipitation based on observations from middle latitudes to polar regions. Atmos Res 132-133:460-472.

Manda et al., 2014: Impacts of a warming marginal sea on torrential rainfall organized under the Asian summer

monsoon. Scientific Reports, 4, 5741.
Schultz et al., 2006: The mysteries of mammatus clouds: Observations and formation mechanisms. J. Atmos. Sci., 63, 2409-2435.
Suzuki et al., 2016: First imaging and identification of a noctilucent cloud from multiple sites in Hokkaido (43.244.4° N), Japan. Earth, Planets and Space, 68:182.
Yamada et al., 2017: Response of tropical cyclone activity and structure to global warming in a high-resolution global nonhydrostatic model. Journal of Climate, doi:10.1175/ JCLI-D-17-0068.1.
山本真行，2010：高大合作最先進理科教育「高中生紅色精靈同時觀測」的六年。高知工科大學紀要，7, 167-175.

註釋

〔1〕International Cloud Atlas：https://cloudatlas.wmo.int/

〔2〕American Meteorological Society Glossary of Meteorology：http://glossary.ametsoc.org/

〔3〕氣象廳氣象研究所「#關東雪結晶計畫」：http://www.mri-jma.go.jp/Dep/fo/fo3/araki/snowcrystals.html

〔4〕氣象廳AMeDAS：http://www.jma.go.jp/jp/amedas/

〔5〕向日葵八號即時網站：http://himawari8.nict.go.jp/

〔6〕NASA EOSDIS Worldview：https://earthdata.nasa.gov/labs/worldview/

〔7〕氣象廳 高解析度降水即時預報：http://www.jma.go.jp/jp/highresorad/
〔8〕氣象廳 氣象警報・注意報：http://www.jma.go.jp/jp/warn/
〔9〕氣象廳 降水短時間預報：http://www.jma.go.jp/jp/kaikotan

特別感謝

以下是在我加深對雲的愛的過程中，協助過我的雲友（敬稱略）。由衷感謝各位，往後也請多多指教。

廣瀬雄規、三隅良平、藤吉康志、島伸一郎、中井専人、池田圭一、綾塚祐二、藤野丈志、中村おりお、佐佐木恭子、片平敦、茂木耕作、齊田季實治、寺川奈津美、Jari Luomanen、宇野澤達也、穗川果音、真家泉、ウェザーニュース・サポーター所有成員、松本直記、柏野祐二、猪熊隆之、平松信明、青木豐、長谷乾伸、山本由佳、小松雅人、吉田史織、下平義明、安田岳志、藤原宏章、伊藤純至、山下克也、兒玉裕二、矢吹裕伯、上野健一、むらくも、財前祐二、加藤護、村井昭夫、足立透、岡部來、菊池真以、國本未華、二村千津子、岩永哲、森田正光、千種ゆり子、中山由美、木山秀哉、和田光明、野嵩樹、田村弘人、伊藤耕介、高梨かおり、寺本康彥、平松早苗、高木育生、荒川和子、町田和隆、小沢かな、酒井清大、關根久子、塩田美奈子、新垣淑也、田地香織、松岡友和、三島和久、沖野勇樹、大澤晶、岡田敏、まりも、菅家優介、横手典子、ミッシェル、辻優介、梅原章仁、佐藤美和子、杉田彰、諸岡雅美、岩淵志學、山下陽介、石塚正純、山崎秀樹、太田佳似、林廣樹、野島孝之、井上創介、そらんべ、細谷桂介、加藤秀成、古田泰子、禮、鈴木康之、ためにしき、馬場ひとみ、佐野ありさ、池　豊、辻村裕紀、井上智史、山內雅志、戸塚紗織、おくにほら、森本由　子、內藤邦裕、山本昇治、實本正樹、船田久美子、前田香織、朱野　子、おちみずき、板倉龍、白形富子、武田叡司、相澤和世、舛澤慧、岡部真由美、arca、中村僚、向めぐ美、竹谷理鯉、內山常雄、嶋田香奈子、木村愛、　戸由佳、宇田和正、岡村志以、沢田之彥、川端裕人、松尾一郎、岡田みはる、島下尚一、安田由香、小田幸雄、八尋裕司、白戸京子、平岡裕理子、由井秀一、森川浩司、新井勝也、江口有、池上榮、折本治美、高橋亨、上園佳奈、松本惠美、佐藤美穗子、木村琢、小谷鐵穗、尾林彩乃、中尾克志、福島萬里子、藤若燈、エル、伊藤聰美、相澤直、重田繪乃奈、豐島志津子、りおかん、竹下愛實、前田智宏、長谷部愛、福岡良子、村木祐輔、鈴木智惠、池田美樹、三浦まゆみ、本岡なり美、岸上風子、小川豪、小幡英文、氏家信弘、高崎萬里子、高崎翼、宮杉正則、merinon、西岡正三、あんどうりす、樂茶@rakti、下田　司、杉原寬、小越久美、野田裕人、坂本安子、中井未里、青木力、鹿島田祥太、伊藤茉由、永井秀行、左貫俊一、縣孝子、手塚知代乃、入江文平、前崎久美子、古田五月、佐藤健一、桂東、川瀨きう、中村みゆき、眠大葉、大久保知惠、Arim、水古しのぶ、砂間隆司、杵島正洋、杵島裕樹、川本八千代、池田淳、marzipan、大須賀駿、脇澤裕太、松本理子、光魁ミサキ、前川美惠子、ほんまかおり、DOPP、田村榮理子、黑須美央、齊藤悅子、吉岡祐子、荒川知子、天陽耕司、@yamachu3、高橋知宏、本島英樹、奧山進、水越將敏、一橋圭那、高橋八重子、madoka（香人）、井上きよと、加納正俊、小林志穗美、山下惠美子、中川泉、ダルマーシュカ、sasnori、Minori Shinozaki、長尾祐樹、佐野奈奈、勝野寬子、勝野龍哉、阿部修一郎、mitsukura、渡ひろこ、武林久美、阿部久夫、中川康子、飯田奈奈、ヒゲキタ、森口梨奈、おさんぽんだ、小柳夏希、松岡史哲、中村のぞみ、門林史枝、神田靜江、橋本典和、淺野賀生、伊東　一、增永仁、佐藤奈緒子、淺村芳枝、貝原美樹、森木和也、岡田惠、菅原光惠、幸基、星有子、村田大希、石坂美代子、石川里櫻、有川奈積、佐藤孝子、nibo、ゆいがかりな、上林颯、宮本直美、下村奈緒、竹上裕子、張天逸、xxdaijoubuxx、引地慶、小川有紀、田中剛、高森泰人、大矢康裕、古久根敦、佐野榮治、山本惠美、丸山深雪、宮野みさほ、谷口　悟、井土井さやか、內田ゆう子、杉山肇子、Kobayashi. Y、藤本理枝子、田中由起、雲好き大學生、TFJ43、熊谷直樹、阿部一章、荒井玲子、結城攝那、齊藤雅文、山火和也、Rieko Toyofuku、石原由紀子、福原直人、福原佳子、さぶろう、松下真世、紅碧、ryon、廣瀨美幸、林みき、吉川容子、青木朝海、凍、池田りか子、二塚衛、島村之彥、松葉佐欣史、高尾裕子、ちー、寺內さおり、N-train、@merlomic、Kura、和田峻汰、田口大、落合直子、坂本泰之、前田るり、Ai Lewis、秋本絹江、長村真里、石井克典、筱原雅貴、大平由美、野谷美佐緒、牧野嘉晃、榑林宏之、りしゃる☆、ふらみんご、伊藤未歩、しろクマ一、すきーやー、はらでぃー、鈴木聰、中村直樹、佐藤千鶴、わたぐも、happydancebozu-ハピダンO、bibi、@_piro910、天野淳一、チョコ太とう、都築茂一、ゆか、舛田あゆみ、岡田小枝子、わたなべきょうこ、まえだいちろう、山下ナミ、內藤雅孝、小野寺文子、山本道明、sksat、阿達勝則、森田秀樹、大石真士、松村太郎、川田和歌子、竹之內健介、豐田隆寬、纐纈丈晴、鈴木絢子、菊、箭川昭生、北原秀明、成川貴章、谷雅人、村上賢司、坂本玲奈、荒川真人、寒川優子、益山美保、吉田ひろみ、谷田勝也、長尾久美、浜田浩、竹內めぐみ、竹內なな、竹內りか、金子晃久、菊地隆貴、南雲信宏、荒木めぐみ、荒木凪、姬路市・星之子館、岡山天文博物館、中谷宇吉郎 雪的科學館、台灣國家太空中心、國立成功大學ISUAL團隊、National Aeronautics and Space Administration（NASA）、國立研究開發法人情報通信研究機構（NICT）、KiBAN iNTERNATiONAL、てんコロ。、日本雪冰學會關東・中部・西日本分部、氣象廳、氣象廳氣象衛星中心、氣象廳氣象研究所。

各位雲友們，
真的非常感謝大家，
今後也請多多指教。

荒木健太郎

中英文專有名詞對照＆索引

11 劃

12 劃

8 劃

9 劃

10 劃

17 劃

18 劃

19 劃

21 劃

22 劃

23 劃

24 劃

13 劃

14 劃

15 劃

16 劃

有方之美 006

愛上雲的技術
——————了解雲和天空的 25 個秘密，成為賞雲高手

作者　荒木健太郎｜**譯者**　吳怡文｜**社長**　余宜芳｜**副總編輯**　李宜芬｜**封面暨內頁設計**　謝佳穎｜**內頁排版**　薛美惠｜**出版者**　有方文化有限公司／ 23445 新北市永和區永和路 1 段 156 號 11 樓之 2　**電話**—(02)8921-0339　**傳真**—(02)2921-1741 ｜**總經銷**　時報文化出版企業股份有限公司／ 33343 桃園市龜山區萬壽路 2 段 351 號　**電話**—(02)2306-6842 ｜**印製**　中原造像股份有限公司——初版一刷 2020 年 8 月｜**定價**　新台幣 450 元｜

《How to Love Clouds》

Illustration by Kentaro Araki

Original Japanese edition published by Kobusha Co. LTD.
Traditional Chinese publishing rights arranged with Kobusha Co. LTD.
through Future View Technology Ltd.
Printed in Taiwan

ISBN：978-986-97921-6-5

愛上雲的技術 : 了解雲和天空的 25 個秘密 , 成為賞雲高手 / 荒木健太郎著 ; 吳怡文譯 .
-- 初版 . -- 新北市 : 有方文化 , 2020.08
面 ;　公分 . -- (有方之美 ; 6)

ISBN 978-986-97921-6-5(平裝)

1. 雲

328.62　　109010373